W0256745

Sitzungsberichte der Heidelberger Akademie der Wissenschaften
Mathematisch-naturwissenschaftliche Klasse
Jahrgang 1978, 3. Abhandlung

Helmut Neunhöffer

Über Kronecker-Produkte irreduzibler Darstellungen von $SL(2, \mathbb{R})$

Vorgelegt in der Sitzung vom 22. April 1978

Springer-Verlag Berlin Heidelberg New York 1978

Dr. rer. nat. Helmut Neunhöffer
Mathematisches Institut der Universität
Im Neuenheimer Feld 288
6900 Heidelberg

ISBN-13: 978-3-540-09027-4   e-ISBN-13: 978-3-642-45506-3
DOI: 10.1007/978-3-642-45506-3

Inhalt

Abstract

It is the purpose of this paper to determine the decomposition of the Kronecker product of two irreducible representations of $SL(2, \mathbb{R})$ into irreducible ones. We treat all the essentially different cases. The projections onto the irreducible components are given explicitly by integrals, and the spectral measures are expressed by elementary functions and Gamma factors. The Plancherel formula for the group is not used.

Following Pukanszky, we introduce the Casimir operator Ω of the product representation and investigate its spectral decomposition. To this end we use the usual separation of variables, decomposing the representation space into eigenspaces of the maximal compact subgroup K. In each of these eigenspaces Ω reduces to a singular ordinary differential operator.

To effect the spectral decomposition of these ordinary differential operators in the various cases we need two different modifications of the Rellich-Titchmarsh-Kodaira-theory. In one case the Hilbert space consists of functions on the circle $|\zeta| = 1$, and the scalar product is given by a double integral with a convolution kernel instead of the normal line integral; in the other case, the space consists of analytic functions on the unit disc $|\zeta| < 1$, and the scalar product is given by a weighted area integral. In each case the operator to which Ω reduces is not formally selfadjoint, but the unusual scalar product makes it essentially selfadjoint. The spectral decomposition is established by an explicit construction of the resolvent and analytic continuation everywhere outside the spectrum; during this process the singularities at the point $\zeta = 1$ are carefully controlled by explicit estimates.

These results lead easily to the desired decomposition of the product representation. The eigenfunctions of the reduced Casimir operators corresponding to a given eigenvalue span a representation which is unitary with respect to a scalar product explicitly given.

Einleitung

Das Problem der Zerfällung von Kronecker-Produkten irreduzibler Darstellungen der $SL(2, \mathbb{R})$ in irreduzible wurde von PUKANSZKY [9] im Jahr 1961 in die Literatur eingeführt. Er behandelte den Fall, in dem beide Ausgangsdarstellungen der kontinuierlichen Serie angehören, und bestimmte die Vielfachheit und die Maßklasse, mit der die verschiedenen irreduziblen Darstellungen in der Zerfällung vorkommen. Seine Methode für das kontinuierliche Spektrum bestand darin, den Casimir-Operator der Produkt-Darstellung auf die unter der maximal-kompakten Untergruppe K biinvarianten Vektoren einzuschränken und aus den Spektral-Eigenschaften des dann entstehenden gewöhnlichen Differential-Operators auf die Spektral-Eigenschaften der Zerfällung in irreduzible Darstellungen zu schließen. In den folgenden Jahren wurde das Problem mehrfach wieder aufgenommen und verallgemeinert. Dabei wurden sehr verschiedene Methoden angewandt, und die Mathematiker und Physiker gebrauchten oft verschiedene Fachsprachen. MARTIN behandelte in [5] den Fall einer reellen Rang-1-Lie-Gruppe. Seine Methode beruht darauf, daß für Hauptserie$\otimes$Hauptserie die Kronecker-Produkt-Darstellung als Teildarstellung in die reguläre Darstellung eingebettet werden kann, und dann kann man die Plancherel-Formel der Gruppe anwenden. Dies schließt das Vorkommen der ergänzenden Serie aus, da das Plancherel-Maß von Hauptserie und diskreter Serie getragen wird. Außerdem hängt der genannte Einbettungsprozeß von allgemeinen Sätzen aus der Theorie der induzierten Darstellungen ab, die keine Information über die auftretenden Spektralmaße liefern. Für den Fall einer komplexen Lie-Gruppe hat WILLIAMS [15] diese Sätze so verschärft, daß er die Spektralmaße explizit auf das Plancherel-Maß beziehen kann. Die Physiker MUKUN-DA und RADHAKRISHNAN [8] beschränken sich auch auf die Fälle, wo die ergänzende Serie nicht vorkommt. Sie rechnen ziemlich explizit, aber sie verwenden physikalische Fachsprache, so daß ihre Arbeiten für einen Mathematiker schwer zugänglich sind. Ihre Methode ist völlig anders als die in der vorliegenden Arbeit angewandte. Insbesondere wird eine andere Realisierung der Darstellungen verwendet, und der Vergleich der Ergebnisse erfordert wohl nicht-triviale Umrechnungen.

In der vorliegenden Arbeit ist das Ziel, die Spektralmaße explizit auszurechnen und so Integralformeln für spezielle Funktionen zu gewinnen. Auf die Plancherel-Formel der Gruppe wird dabei nicht zurückgegriffen.

Wir greifen auf die Methode von PUKANSZKY zurück, führen den Casimir-Operator Ω ein und zerfällen ihn nach dem Verhalten der Funktionen unter der maximal-kompakten Untergruppe K. Dabei verfolgen wir alle K-Eigenräume weiter, während PUKANSZKY nur den der K-invarianten Vektoren betrachtete.

In diesen K-Eigenräumen reduziert sich Ω auf einen gewöhnlichen Differential-Operator Ω_p, und die Spektralzerlegung dieser gewöhnlichen Differential-Operatoren stellt den Hauptteil der Arbeit dar (§§ 3 − 9). Die Schwierigkeit liegt dabei darin, daß die Skalarprodukte nicht mehr durch Linien-Integrale gegeben sind, wenn nicht beide Ausgangsdarstellungen der Hauptserie angehören. Stammen beide Ausgangsdarstellungen aus der kontinuierlichen Serie, mindestens eine aus der ergänzenden Serie, so ist das Skalarprodukt durch einen Faltungskern gegeben. Der Hilbertraum besteht aus Funktionen auf der Peripherie des Einheitskreises, und es ist

$$\langle f, h \rangle = \int\limits_{|\zeta|=1} \int\limits_{|\xi|=1} f(\zeta)\, K\!\left(\frac{\zeta}{\xi}\right) \overline{h(\xi)}\, \frac{d\zeta}{2\pi i \zeta}\, \frac{d\xi}{2\pi i \xi}.$$

Der Operator Ω_p ist nicht formal selbstadjungiert. Trotzdem kann man sich die Resolvente mit der Variation-der-Konstanten-Formel verschaffen, und „Integration rund ums Spektrum" liefert die Umkehrformel. Man setzt dabei $t(1-t) = \lambda$ und erhält

$$f = \frac{-1}{2\pi i} \int\limits_W (\Omega - \lambda(t))^{-1}\, f(1-2t)\, dt,$$

wobei über einen gewissen Weg in der komplexen t-Ebene integriert wird, der dem oberen und unteren Ufer des Spektrums in der λ-Ebene entspricht. Diese Formel führt zu einer expliziten Umkehrformel, in der aber die Projektionen auf die eigentlichen und uneigentlichen Eigenvektoren nicht durch das Skalarprodukt dargestellt werden. Die Umrechnung hierauf erfordert umfangreiche Rechnungen und ist in § 5 beschrieben.

Gehört mindestens eine der Ausgangsdarstellungen der diskreten Serie an (§§ 6 − 8), so wirkt Ω_p auf einen Hilbertraum analytischer Funktionen, das Skalarprodukt wird durch ein Flächen-Integral dargestellt.

Hier verschafft man sich die Resolvente mit Hilfe der Bergmanschen Kernfunktionen $\delta(z, w)$. Man löst mit Hilfe der Variation-der-Konstanten-Formel die Gleichung

$$(\Omega_z - \bar{\lambda})\, G(z, w, \lambda) = \delta(z, w),$$

und bezeichnet dann $\langle\,,\rangle$ das Skalarprodukt, so wird

$$((\Omega-\lambda)^{-1}f)(w)=\langle f, G(.,w,\lambda)\rangle.$$

Wieder liefert „Integration rund ums Spektrum" die Umkehrformel.

In §9 ist durch einen Renormierungsprozeß eine Probe für die gefundenen Spektralmaße im kontinuierlichen Spektrum durchgeführt.

In §10 sind die Ergebnisse darstellungstheoretisch interpretiert, und für den Fall, daß beide Ausgangsdarstellungen der kontinuierlichen Serie angehören, ist gezeigt, wie die Spektralzerlegung von Ω eine Zerlegungsformel für Produkte positiv definiter sphärischer Funktionen ergibt.

§1. Die irreduziblen Darstellungen von $SL(2,\mathbb{R})/\pm E$ und die Realisierung ihrer Kronecker-Produkte

Es sei G die Matrizengruppe, die aus den Matrizen

$$g=\begin{pmatrix}\alpha & \beta\\ \bar\beta & \bar\alpha\end{pmatrix}\quad\text{mit}\quad \alpha,\beta\in\mathbb{C}\quad\text{und}\quad |\alpha|^2-|\beta|^2=1$$

besteht. Diese Lie-Gruppe ist bekanntlich zu $SL(2,\mathbb{R})$ isomorph.

In der Lie-Algebra von G wählen wir als Basis-Elemente

$$x_{1,2}=\begin{pmatrix}\dfrac{i}{2} & 0\\[2mm] 0 & -\dfrac{i}{2}\end{pmatrix},\quad y_1=\begin{pmatrix}0 & \dfrac{1}{2}\\[2mm] \dfrac{1}{2} & 0\end{pmatrix}\quad\text{und}\quad y_2=\begin{pmatrix}0 & -\dfrac{i}{2}\\[2mm] \dfrac{i}{2} & 0\end{pmatrix}.$$

Diese Basis ist bezüglich der Killing-Form orthogonal. Die angegebenen Basis-Elemente erzeugen als infinitesimale Generatoren die einparametrigen Untergruppen

$$\left\{\begin{pmatrix}e^{\frac{i\vartheta}{2}} & 0\\[2mm] 0 & e^{-\frac{i\vartheta}{2}}\end{pmatrix}, 0\leqq\vartheta<4\pi\right\}=K,$$

$$\left\{\begin{pmatrix}\cosh\dfrac{\vartheta}{2} & \sinh\dfrac{\vartheta}{2}\\[2mm] \sinh\dfrac{\vartheta}{2} & \cosh\dfrac{\vartheta}{2}\end{pmatrix}, -\infty<\vartheta<\infty\right\}$$

und

$$\left\{ \begin{pmatrix} \cosh\dfrac{\vartheta}{2} & -i\sinh\dfrac{\vartheta}{2} \\[2mm] i\sinh\dfrac{\vartheta}{2} & \cosh\dfrac{\vartheta}{2} \end{pmatrix}, \ -\infty < \vartheta < \infty \right\}.$$

Die Gruppe K ist eine maximal-kompakte Untergruppe von G. Die Gruppe G operiert als Gruppe analytischer Automorphismen durch $z \to \dfrac{\alpha z + \beta}{\bar{\beta} z + \bar{\alpha}}$ auf der Einheitskreisscheibe $\mathfrak{C}$; dabei wird die Peripherie U auf sich abgebildet. Den Matrizen $\begin{pmatrix} \alpha & \beta \\ \bar{\beta} & \bar{\alpha} \end{pmatrix}$ und $\begin{pmatrix} -\alpha & -\beta \\ -\bar{\beta} & -\bar{\alpha} \end{pmatrix}$ entspricht natürlich die gleiche Abbildung. Da wir im folgenden nur Darstellungen von G betrachten, die an der Stelle $\begin{pmatrix} -1 & 0 \\ 0 & -1 \end{pmatrix} = E$ den Wert $+id$ annehmen, kann man sagen, daß wir Darstellungen der Gruppe der analytischen Automorphismen der Einheits-Kreisscheibe studieren.

Die irreduziblen Darstellungen von G sind wohlbekannt (s. etwa BARGMAN [2], TAKAHASHI [11]). Weil wir im folgenden alle Rechnungen möglichst explizit durchführen wollen, werde ich die gewählte Realisierung hier noch einmal beschreiben. Dadurch soll die Bedeutung der Parameter möglichst klar hervortreten und der Übergang zu klassischen speziellen Funktionen erleichtert werden. Die Bezeichnungen stimmen im folgenden weitgehend mit denen von TAKAHASHI [11] überein.

Wir beginnen mit der Hauptserie.

Der Hilbertraum besteht hier aus den quadratisch integrierbaren Funktionen auf der Peripherie U des Einheitskreises, das Skalarprodukt ist gegeben durch

$$\langle f, h \rangle = \frac{1}{2\pi i} \int_U f(\zeta)\,\overline{h(\zeta)}\,\frac{d\zeta}{\zeta}. \tag{1.1}$$

Den Darstellungsoperator bezeichnen wir mit V_g^s, und er ist für $g = \begin{pmatrix} \alpha & \beta \\ \bar{\beta} & \bar{\alpha} \end{pmatrix}$ gegeben durch

$$(V_g^s f)(\zeta) = |-\bar{\beta}\zeta + \alpha|^{-2s} f(g^{-1}(\zeta)) = |-\bar{\beta}\zeta + \alpha|^{-2s} f\left(\frac{\bar{\alpha}\zeta - \beta}{-\bar{\beta}\zeta + \alpha} \right). \tag{1.2}$$

Die Darstellung ist für $\mathrm{Re}(s) = \tfrac{1}{2}$ unitär und für $\mathrm{Re}(s) = \tfrac{1}{2}$, $\mathrm{Im}(s) \neq 0$ irreduzibel. Die zu s und zu $1-s$ gehörenden Darstellungen sind äquivalent.

Die Funktionen $f_p(\zeta) = \zeta^p$ bilden ein vollständiges Orthonormalsystem im Darstellungsraum. Sie zeigen unter der maximal-kompakten

Gruppe K ein besonderes Verhalten, sie sind nämlich Eigenfunktionen:

Für $g \in K$, $g = \begin{pmatrix} e^{\frac{i\vartheta}{2}} & 0 \\ 0 & e^{-\frac{i\vartheta}{2}} \end{pmatrix}$, ist nämlich

$$(V_g^s f)(\zeta) = f(e^{-i\vartheta}\zeta),$$

also mit f_p für f

$$(V_g^s f_p)(\zeta) = f_p(e^{-i\vartheta}\zeta) = e^{-ip\vartheta}\zeta^p = e^{-ip\vartheta}f_p(\zeta). \tag{1.3}$$

Wir sagen hierfür: f_p ist vom Gewicht p. Dieser Begriff ist wichtig, da wir später Darstellungen nach Gewichten reduzieren werden. (Die Bezeichnungsweise weicht hier von TAKAHASHI ab; dort wird $-p$ das Gewicht genannt).

Die infinitesimalen Operatoren einer Darstellung sind dadurch definiert, daß man die einparametrigen Untergruppen in die Darstellung einträgt und an der Stelle $\vartheta = 0$ nach dem Parameter ϑ differenziert. So ergibt sich in unserem Fall

$$(V_{x_{1,2}}^s f)(\zeta) = \frac{\partial}{\partial\vartheta}(f(e^{-i\vartheta}\zeta))|_{\vartheta=0} = -i\zeta\frac{df}{d\zeta},$$

$$(V_{y_1}^s f)(\zeta) = -\tfrac{1}{2}(1-\zeta^2)\frac{df}{d\zeta} + \frac{s}{2}(\zeta+\zeta^{-1})f(\zeta) \tag{1.4}$$

und

$$(V_{y_2}^s f)(\zeta) = \frac{i}{2}(1+\zeta^2)\frac{df}{d\zeta} + \frac{is}{2}(\zeta-\zeta^{-1})f(\zeta).$$

Damit sind die Darstellungen der Hauptserie und ihre infinitesimalen Erzeugenden beschrieben.

Die durch (1.2) gegebene Transformation ist nicht mehr unitär, wenn $\mathrm{Re}(s) \neq \tfrac{1}{2}$ ist, aber man kann das Skalarprodukt für $0 < s < 1$ so ändern, daß sie wieder unitär wird. Dabei führen s und $1-s$ auf äquivalente Darstellungen. Sei also $\tfrac{1}{2} < s < 1$. Man setzt

$$K_s(\zeta) = \frac{2^{2-2s}\pi}{B(s-\tfrac{1}{2},\tfrac{1}{2})}(2-\zeta-\zeta^{-1})^{s-1}, \tag{1.5}$$

wobei $B(\cdot,\cdot)$ die Eulersche Beta-Funktion bedeutet. Dann definiert man für $f, h \in C^\infty(U)$ das Skalarprodukt durch

$$\langle f, h \rangle_s = \iint\limits_{U \times U} f(\zeta) K_s\left(\frac{\zeta}{\xi}\right) \overline{h(\xi)} \frac{d\zeta}{2\pi i\zeta} \frac{d\xi}{2\pi i\xi}. \tag{1.6}$$

Nun möchte man durch Vervollständigung zu einem Hilbertraum kommen. Um sich einen Überblick über die Elemente dieses Hilbertraumes zu verschaffen, ist es zweckmäßig, die Funktionen f, h und den Kern K_s in Fourier-Reihe zu entwickeln. Wir setzen also

$$f(\zeta) = \sum_{m=-\infty}^{\infty} a_m \zeta^m, \qquad h(\zeta) = \sum_{m=-\infty}^{\infty} b_m \zeta^m$$

und

$$K_s(\zeta) = \sum_{m=-\infty}^{\infty} \mu_m(s)\, \zeta^m.$$

Dann ist nach der Parsevalschen Formel

$$\langle f, h \rangle_s = \sum_{m=-\infty}^{\infty} \mu_m(s)\, a_m \bar{b}_m. \tag{1.7}$$

Dabei ist

$$\mu_m(s) = \int_U K_s(\zeta)\, \zeta^{-m} \frac{d\zeta}{2\pi i \zeta}.$$

Da $K_s(\zeta)$ bei $\zeta \to \zeta^{-1}$ invariant ist, haben wir offensichtlich $\mu_m(s) = \mu_{-m}(s)$. Für $m \leq 0$ kann man $\mu_m(s)$ berechnen, indem man den Integrationsweg auf das zweifach durchlaufene Einheitsintervall deformiert. Wertet man dann das entstehende Beta-Integral aus und wendet bekannte Gamma-Transformationsformeln an, so ergibt sich

$$\mu_m(s) = \frac{\Gamma(s)}{\Gamma(s+|m|)} \frac{\Gamma(1-s+|m|)}{\Gamma(1-s)}. \tag{1.8}$$

Die Stirlingsche Formel ergibt für $|m| \to \infty$

$$\mu_m(s) = |m|^{1-2s} \frac{\Gamma(s)}{\Gamma(1-s)} + O(|m|^{-2s}). \tag{1.9}$$

Der Hilbertraum $H^{(s)}$ besteht also aus allen Koeffizientenfolgen $\{a_m\}$, für die $\sum_{m=-\infty}^{\infty} |m|^{1-2s} |a_m|^2$ konvergent ist. Es ist zu beachten, daß wegen $s > \frac{1}{2}$ hier nicht nur beschränkte Folgen vorkommen!

Zur Vereinheitlichung setzen wir für die Darstellungen der Hauptserie, also für $\mathrm{Re}(s) = \frac{1}{2}$, $\mu_m(s) = 1$.

Die infinitesimalen Operatoren werden bei der ergänzenden Serie durch dieselben Formeln (1.4) wie bei der Hauptserie gegeben.

Die Darstellungen der diskreten Serie operieren auf Räumen von Funktionen auf der offenen Einheitskreisscheibe $\mathfrak{E}$.

Bei der positiven diskreten Serie mit dem Parameter $l\in\mathbb{Z}$, $l>0$, nimmt man jeweils einen Raum holomorpher Funktionen f, und der Darstellungsoperator ist für $g=\begin{pmatrix} \alpha & \beta \\ \bar{\beta} & \bar{\alpha} \end{pmatrix}$ gegeben durch

$$(T_g^l f)(z)=(-\bar{\beta}z+\alpha)^{-2l}f(g^{-1}(z));\tag{1.10}$$

entsprechend nimmt man bei der negativen diskreten Serie mit dem Parameter $l\in Z$, $l<0$, jeweils einen Raum antiholomorpher Funktionen f, und als Darstellungsoperator

$$(T_g^l f)(z)=(-\beta\bar{z}+\bar{\alpha})^{2l}f(g^{-1}(z)).\tag{1.11}$$

Das Skalarprodukt ist in beiden Fällen durch ein Flächenintegral über $\mathbb{C}$ gegeben. Bezeichnet man mit $d\mu(z)=dx\,dy$ das Lebesgue-Maß im Komplexen, so ist das Skalarprodukt definiert durch

$$\langle f,h\rangle_l=\frac{2|l|-1}{\pi}\int_{\mathbb{C}} f(z)\,\overline{h(z)}(1-|z|^2)^{2l-2}\,d\mu(z).\tag{1.12}$$

Wir bezeichnen für $m\geq 0$ die Funktion $z\to z^m$ mit $f_m(z)$, für $m\leq 0$ setzen wir $f_m(z)=\bar{z}^{|m|}$. Dann ergibt eine leichte Rechnung (Einführung von Polarkoordinaten) sowohl für $l>0$ als auch für $l<0$

$$\langle f_m,f_n\rangle_l=\delta_{m,n}(2|l|-1)\,B(|m|+1,2|l|-1)$$

$$=\delta_{m,n}\frac{\Gamma(|m|+1)\,\Gamma(2|l|)}{\Gamma(2|l|+|m|)}.\tag{1.13}$$

Wir bezeichnen wieder den Gamma-Faktor mit $\mu_m(l)$.

Für $g\in K$, $g=\begin{pmatrix} e^{\frac{i\vartheta}{2}} & 0 \\ 0 & e^{-\frac{i\vartheta}{2}} \end{pmatrix}$, ist $(T_g^l f)(z)=e^{-il\vartheta}f(ze^{-i\vartheta})$, speziell $(T_g^l f_m)(z)$

$=e^{-i(l+m)\vartheta}f_m(z)$; das heißt, der Basisvektor f_m ist vom Gewicht $l+m$. Dies gilt für positive wie negative diskrete Serie. Man sieht, daß in der positiven diskreten Serie alle Basisvektoren vom Gewicht $\geq l>0$ sind, in der negativen alle vom Gewicht $\leq l<0$.

Für die positive diskrete Serie lauten die infinitesimalen Operatoren

$$(T_{x_{1,2}}^l f)(z)=-ilf(z)-iz\frac{d}{dz}f(z),$$

$$(T_{y_1}^l f)(z)=lzf(z)+\tfrac{1}{2}(z-z^{-1})z\frac{d}{dz}f(z)\tag{1.14}$$

und

$$(T_{y_2}^l f)(z)=ilzf(z)+\frac{i}{2}(z+z^{-1})z\frac{d}{dz}f(z).$$

Entsprechend gilt für die negative diskrete Serie

$$(T^l_{x_{1,2}} f)(z) = i|l|f(z) + i\bar{z}\frac{d}{dz}f(z),$$

$$(T^l_{y_1} f)(z) = -l\bar{z}f(z) + \tfrac{1}{2}(\bar{z}^2 - 1)\frac{d}{d\bar{z}}f(z)$$

und   (1.15)

$$(T^l_{y_2} f)(z) = il\bar{z}f(z) - \frac{i}{2}(\bar{z}^2 + 1)\frac{d}{d\bar{z}}f(z).$$

Damit sind alle in dieser Arbeit vorkommenden irreduziblen Darstellungen mit ihren infinitesimalen Operatoren beschrieben.

Das Kronecker-Produkt zweier Darstellungen operiert auf dem topologischen Tensorprodukt der einzelnen Darstellungsräume. In unserem Fall, wo die Darstellungsräume als Vervollständigungen von Funktionenräumen realisiert sind, erhält man ihr topologisches Tensorprodukt durch Vervollständigung des entsprechenden Funktionenraumes auf dem cartesischen Produkt der Grundräume. Die Darstellungs-Operatoren sind einfach dadurch gegeben, daß die Gruppe in den beiden Eingangs-Darstellungs-Räumen gleichzeitig operiert. Wenn etwa beide Ausgangsdarstellungen der kontinuierlichen Serie angehören und durch die Parameter s_1, s_2 charakterisiert sind, so ist mit $g = \begin{pmatrix} \alpha & \beta \\ \bar{\beta} & \bar{\alpha} \end{pmatrix}$

$$((V^{s_1}_g \otimes V^{s_2}_g)f)(\zeta_1, \zeta_2) = (W^{s_1,s_2}_g f)(\zeta_1, \zeta_2)$$
$$= |-\bar{\beta}\zeta_1 + \alpha|^{-2s_1}|-\bar{\beta}\zeta_2 + \alpha|^{-2s_2}$$
$$f(g^{-1}(\zeta_1), g^{-1}(\zeta_2)).$$ (1.16)

Entsprechend sind $W^{s,l}_g = V^s_g \otimes T^l_g$ und $W^{l_1,l_2}_g = T^{l_1}_g \otimes T^{l_2}_g$ definiert. Man beachte, daß die Darstellung W_g durch die oben stehenden Parameter vollständig bestimmt ist. Welche dieser Kronecker-Produkt-Darstellungen sind nun wesentlich verschieden?

Natürlich kommt es auf die Reihenfolge zweier Darstellungen hier nicht an. Die Darstellungen der Hauptserie und der ergänzenden Serie unterscheiden sich zwar durch das Skalarprodukt, nicht aber durch die Formeln für die Darstellungs-Operatoren und die infinitesimalen Operatoren. Zwischen der positiven und der negativen diskreten Serie besteht eine starke Symmetrie (Konjugation, $l \to -l$), so daß es für das Kronecker-Produkt nur darauf ankommt, ob beide Parameter gleiches oder verschiedenes Vorzeichen haben. Somit bleiben 7 Fälle übrig, die wir durch ihre Eingangsparameter unterscheiden wollen. Die hier angegebene Numerierung und die Bedeutung der Parameter in den einzelnen Fällen behalten ihre Gültigkeit für die ganze Arbeit.

Die 7 Fälle sind:

1. Hauptserie $\otimes$ Hauptserie, $\operatorname{Re}(s_1)=\operatorname{Re}(s_2)=\tfrac{1}{2}.$

2. Ergänzende Serie $\otimes$ Hauptserie, $\tfrac{1}{2}<s_1<1,\,\operatorname{Re}(s_2)=\tfrac{1}{2}.$

3. Ergänzende Serie $\otimes$ ergänzende Serie, $\tfrac{1}{2}<s_1,\,s_2<1.$

4. Hauptserie $\otimes$ positive diskrete Serie, $\operatorname{Re}(s)=\tfrac{1}{2},\,l\in z,\,l>0.$

5. Ergänzende Serie $\otimes$ positive diskrete Serie, $\tfrac{1}{2}<s<1,\,l\in\mathbb{Z},\,l>0.$

$$(1.17)$$

6. Positive diskrete Serie $\otimes$ positive diskrete Serie,
$$l_1,\,l_2\in\mathbb{Z},\,l_1,\,l_2>0.$$

7. Positive diskrete Serie $\otimes$ negative diskrete Serie,
$$l_1,\,l_2\in\mathbb{Z},\,l_1>0,\,l_2<0.$$

Später wird sich herausstellen, daß es im 3. Fall einen wesentlichen Unterschied macht, ob $s_1+s_2>\tfrac{3}{2}$ ist oder nicht. Für die Form der Darstellungs-Operatoren und der infinitesimalen Erzeugenden sind allerdings die Fälle 1.–3. und die Fälle 4. und 5. jeweils gleich, so daß nur 4 wesentlich verschiedene Fälle übrig bleiben. Indessen unterscheiden sich alle 7 Fälle durch die Skalarprodukte der Darstellungsräume, und wir wollen deshalb jeweils ein vollständiges Orthonormal-System (kurz: ON-System) angeben. Hierdurch legen wir gleichzeitig die Bezeichnungen für die Variablen in den eingehenden irreduziblen Darstellungen fest. Die angegebenen ON-Systeme bestehen alle aus K-Eigenvektoren, und die Tabelle enthält eine Angabe über ihr Gewicht (s. (1.3)).

Fall	Allgemeiner Vektor	Index-Bereich	Gewicht	
1.	$\zeta_1^m\zeta_2^n$	$-\infty<m,n<\infty$	$m+n$	
2.	$(\mu_m(s_1))^{-\frac{1}{2}}\zeta_1^m\zeta_2^n$	$-\infty<m,n<\infty$	$m+n$	(1.18)
3.	$(\mu_m(s_1)\,\mu_n(s_2))^{-\frac{1}{2}}\zeta_1^m\zeta_2^n$	$-\infty<m,n<\infty$	$m+n$	
4.	$(\mu_n(l))^{-\frac{1}{2}}\zeta^m z^n$	$-\infty<m<\infty,\,0\leqq n<\infty$	$m+n+l$	
5.	$(\mu_m(s)\,\mu_n(l))^{-\frac{1}{2}}\zeta^m z^n$	$-\infty<m<\infty,\,0\leqq n<\infty$	$m+n+l$	
6.	$(\mu_m(l_1)\,\mu_n(l_2))^{-\frac{1}{2}}z_1^m z_2^n$	$0\leqq m,n<\infty$	$m+n+l_1+l_2$	
7.	$(\mu_m(l_1)\,\mu_n(l_2))^{-\frac{1}{2}}z_1^m \bar{z}_2^n$	$0\leqq m,n<\infty$	$m-n+l_1-|l_2|$	

Dabei ist $\mu_m(s)$ durch (1.8), $\mu_m(l)$ durch (1.13) gegeben. In allen Fällen außer 6. kommen in den vollständigen ON-Systemen K-invariante Vektoren vor ($m=-n$ in 1.–3., $m=-n-l$ in 4. und 5., $m+l_1=n+|l_2|$ in 7.). Somit muß an deren Spektralzerlegung die kontinuierliche Serie beteiligt sein, während bei 6. nur Elemente positiven Gewichts vorkommen, so daß sich hier die ganze Zerlegung in der diskreten Serie abspielen wird.

Die infinitesimalen Operatoren der Kronecker-Produkt-Darstellungen sind wie die der irreduziblen Darstellungen selbst durch direkte Differentiation zu berechnen, und es kommen einfach die Summen der entsprechenden Operatoren der irreduziblen Darstellungen heraus, wie sie durch (1.4), (1.14) und (1.15) gegeben sind. Dabei muß man natürlich die Ableitungen als partielle interpretieren. Der Casimir-Operator Ω ist, zunächst jedenfalls auf den Elementen der ON-Systeme, definiert durch

$$\Omega = (W_{x_{1,2}})^2 - (W_{y_1})^2 - (W_{y_2})^2. \tag{1.19}$$

Zu seiner Berechnung setzt man, wie üblich,

$$W_+ = W_{y_1} + iW_{y_2}, \qquad W_- = W_{y_1} - iW_{y_2}. \tag{1.20}$$

Der Operator W_+ führt Vektoren vom Gewicht p in solche vom Gewicht $p-1$ über, der Operator W_- in solche vom Gewicht $p+1$. Da wir später nach Gewichten reduzieren wollen, werden die Operatoren W_+ und W_- eine Beziehung zwischen den auf Gewichte bezogenen Spektralzerlegungsformeln herstellen.

Mit dieser Definition von W_+ und W_- hat man

$$(W_{y_1})^2 + (W_{y_2})^2 = \tfrac{1}{2}(W_+ W_- + W_- W_+), \tag{1.21}$$

und somit

$$\Omega = (W_{x_{1,2}})^2 - \tfrac{1}{2}(W_+ W_- + W_- W_+). \tag{1.22}$$

Wenn beide Ausgangsdarstellungen der kontinuierlichen Serie angehören, also in den Fällen 1.–3., haben wir in (1.22)

$$W_{x_{1,2}}^{s_1,s_2} = -i\zeta_1 \frac{\partial}{\partial \zeta_1} - i\zeta_2 \frac{\partial}{\partial \zeta_2},$$

$$W_+^{s_1,s_2} = -\frac{\partial}{\partial \zeta_1} - \frac{\partial}{\partial \zeta_2} + s_1 \zeta_1^{-1} + s_2 \zeta_2^{-1}$$

und

$$W_-^{s_1,s_2} = \zeta_1^2 \frac{\partial}{\partial \zeta_1} + \zeta_2^2 \frac{\partial}{\partial \zeta_2} + s_1 \zeta_1 + s_2 \zeta_2. \tag{1.23}$$

Diese Ausdrücke tragen wir in (1.22) ein und ziehen die Differentiationen durch die Koeffizienten hindurch. Dann ergibt sich

$$\Omega = \frac{(\zeta_1 - \zeta_2)^2}{\zeta_1 \zeta_2} \zeta_1 \zeta_2 \frac{\partial^2}{\partial \zeta_1 \partial \zeta_2} - s_2 \left(\frac{\zeta_1}{\zeta_2} - \frac{\zeta_2}{\zeta_1}\right) \zeta_1 \frac{\partial}{\partial \zeta_1} - s_1 \left(\frac{\zeta_2}{\zeta_1} - \frac{\zeta_1}{\zeta_2}\right) \zeta_2 \frac{\partial}{\partial \zeta_2}$$

$$- s_1 s_2 \left(\frac{\zeta_1}{\zeta_2} + \frac{\zeta_2}{\zeta_1}\right) + s_1(1 - s_1) + s_2(1 - s_2). \tag{1.24}$$

Hierbei wurde Ω als Differentialoperator in $\zeta_i \dfrac{\partial}{\partial \zeta_i}$ $(i=1,2)$ geschrieben. Dies ist vernünftig, da wir ja Funktionen auf der Peripherie des Einheitskreises betrachten, und weil diese Ausdrücke die Gewichte der K-Eigenvektoren invariant lassen. So sieht man dem Ausdruck (1.24) für Ω unmittelbar an, daß Ω nach Gewichten reduziert werden kann.

In den Fällen 4. und 5. haben wir

$$W^{s,l}_{x_{1,2}} = -i\zeta\frac{\partial}{\partial\zeta} - iz\frac{\partial}{\partial z} - il,$$

$$W^{s,l}_{+} = -\frac{\partial}{\partial\zeta} - \frac{\partial}{\partial z} + s\zeta^{-1}, \tag{1.25}$$

$$W^{s,l}_{-} = \zeta^2\frac{\partial}{\partial\zeta} + z^2\frac{\partial}{\partial z} + s\zeta + 2lz$$

und

$$\Omega = \frac{(\zeta-z)^2}{\zeta z}\zeta\frac{\partial}{\partial\zeta}z\frac{\partial}{\partial z} + 2l\left(\frac{z}{\zeta}-1\right)\zeta\frac{\partial}{\partial\zeta}$$

$$-s\left(\frac{z}{\zeta}-\frac{\zeta}{z}\right)z\frac{\partial}{\partial z} + s(1-s) + l(1-l) - 2ls\frac{z}{\zeta}. \tag{1.26}$$

Ebenso ergibt sich im Fall 6.

$$W^{l_1,l_2}_{x_{1,2}} = -iz_1\frac{\partial}{\partial z_1} - iz_2\frac{\partial}{\partial z_2} - il_1 - il_2,$$

$$W^{l_1,l_2}_{+} = -\frac{\partial}{\partial z_1} - \frac{\partial}{\partial z_2}, \tag{1.27}$$

$$W^{l_1,l_2}_{-} = z_1^2\frac{\partial}{\partial z_1} + z_2^2\frac{\partial}{\partial z_2} + 2l_1 z_1 + 2l_2 z_2$$

und

$$\Omega = \frac{(z_1-z_2)^2}{z_1 z_2}z_1\frac{\partial}{\partial z_1}z_2\frac{\partial}{\partial z_2} + 2l_2\left(\frac{z_2}{z_1}-1\right)z_1\frac{\partial}{\partial z_1}$$

$$+ 2l_1\left(\frac{z_1}{z_2}-1\right)z_2\frac{\partial}{\partial z_2} + (l_1+l_2)(1-l_1-l_2). \tag{1.28}$$

Schließlich bekommen wir im Fall 7.

$$W_{x_{1,2}}^{l_1,l_2} = -iz_1 \frac{\partial}{\partial z_1} + i\bar{z}_2 \frac{\partial}{\partial \bar{z}_2} - il_1 + i|l_2|,$$

$$W_+^{l_1,l_2} = -\frac{\partial}{\partial z_1} + \bar{z}_2^2 \frac{\partial}{\partial \bar{z}_2} + 2|l_2|\bar{z}_2,$$

$$W_-^{l_1,l_2} = z_1^2 \frac{\partial}{\partial z_1} - \frac{\partial}{\partial \bar{z}_2} + 2l_1 z_1 \tag{1.29}$$

und

$$\Omega = -(1 - z_1\bar{z}_2)^2 \frac{\partial}{\partial z_1} \frac{\partial}{\partial \bar{z}_2} - 2l_2(1 - z_1\bar{z}_2)z_1 \frac{\partial}{\partial z_1}$$

$$+ 2l_1(1 - z_1\bar{z}_2)\bar{z}_2 \frac{\partial}{\partial \bar{z}_2} - (l_1 + l_2)^2 + l_1 - l_2 + 4l_1 l_2 z_1 \bar{z}_2. \tag{1.30}$$

Damit ist die Gestalt des Casimir-Operators in allen 7 Fällen bestimmt.

§ 2. Reduktion der Casimir-Operatoren nach Gewichten

Wir betrachten Ω als Operator im Hilbertraum H, dem Darstellungsraum der Kronecker-Produkt-Darstellung. Er ist dicht definiert (auf den Vektoren, deren Bahn unter K jeweils in einem endlich-dimensionalen Unterraum verläuft) und ist bekanntlich wesentlich selbstadjungiert (s. etwa FARAUT [4], S. 195 – 196). Da Ω mit den Darstellungsoperatoren vertauschbar ist, gibt die Spektralzerlegung von Ω Aufschluß über die Zerlegung der Kronecker-Produkt-Darstellung in irreduzible. Wir werden die Spektral-Entwicklung von Ω aufstellen und auf das Problem der darstellungstheoretischen Interpretation später zurückkommen.

Für die Aufstellung der Spektral-Entwicklung von Ω verwenden wir die Methode der Separation der Variablen mit Zurückführung auf gewöhnliche Differentialoperatoren. Dies ist dadurch möglich, daß die Unterräume $H_p \subset H$, die aus Vektoren vom Gewicht p bestehen, den Operator Ω reduzieren. Die resultierenden Operatoren $\Omega_p = \Omega|_{H_p}$ sind wesentlich selbstadjungierte singuläre gewöhnliche Differentialoperatoren. Da aber das Skalarprodukt in H_p nur im Fall 1. durch ein Linien-Integral dargestellt wird, müssen wir die Titchmarsh-Kodaira-Theorie in den anderen Fällen modifizieren, um die Spektral-Entwicklung von Ω_p zu erhalten. Die Spektral-Entwicklung aller Ω_p liefert dann zusammen die von Ω.

Wir verwenden in den Räumen H_p die auf S. 17 in (1.18) angegebenen ON-Systeme. Das allgemeine Element vom Gewicht p läßt sich in der Form

$$\left(\frac{\zeta_1}{\zeta_2}\right)^m \zeta_2^p, \qquad \left(\frac{z}{\zeta}\right)^m \zeta^{p-l}, \qquad \left(\frac{z_1}{z_2}\right)^m z_2^{p-l_1-l_2}$$

bzw.

$$(z_1 \bar{z}_2)^m \bar{z}^{-p-l_1-l_2}$$

schreiben. Deshalb wird man den Quotienten bzw. das Produkt der Variablen als neue Variable einführen, nach der verbliebenen ursprünglichen Variablen in Fourier-Reihe entwickeln und dabei den Summationsbuchstaben p so wählen, daß ihm tatsächlich das Gewicht der Funktionen in den Teilräumen entspricht. Dann bestimmt man die Wirkung von Ω in den Teilräumen, die der Operatoren W_+ und W_- zum Übergang zwischen den verschiedenen Teilräumen, und eine bequeme Gestalt für die Skalarprodukte in den Räumen H_p. Damit sind dann 7 Spektral-Entwicklungsprobleme gestellt, die teils einzeln, teils in Gruppen zusammengefaßt behandelt werden.

Die zur Reduktion gehörenden Rechnungen sollen in den Fällen 1. $-3.$ ausgeführt werden, in den anderen Fällen geben wir die Substitutionen und die Ergebnisse an. Wir nehmen nun also an, daß beide Ausgangsdarstellungen der kontinuierlichen Serie angehören. Der Darstellungsraum H besitzt einen dichten Teilraum, der jedenfalls aus C^∞-Funktionen $f(\zeta_1, \zeta_2)$ auf $U \times U$ besteht (siehe die Bemerkung zu Anfang dieses Paragraphen). Wir setzen

$$\zeta = \frac{\zeta_1}{\zeta_2}, \qquad \xi = \zeta_2. \tag{2.1}$$

Dann wird $\zeta_1 = \xi\zeta$, und somit

$$\zeta_1 \frac{\partial}{\partial \zeta_1} = \zeta \frac{\partial}{\partial \zeta} \quad \text{und} \quad \zeta_2 \frac{\partial}{\partial \zeta_2} = -\zeta \frac{\partial}{\partial \zeta} + \xi \frac{\partial}{\partial \xi}. \tag{2.2}$$

Trägt man dies in die Ausdrücke (1.23) für W_+ und W_- und (1.24) für Ω ein, so ergibt sich

$$W_+^{s_1, s_2} = \frac{1}{\xi}\left(({\zeta}-1)\frac{\partial}{\partial \zeta} + \frac{s_1}{\zeta} + s_2 - \xi \frac{\partial}{\partial \xi}\right), \tag{2.3}$$

$$W_-^{s_1, s_2} = \xi\left((\zeta-1)\zeta\frac{\partial}{\partial \zeta} + s_1 \zeta + s_2 + \xi \frac{\partial}{\partial \xi}\right) \tag{2.4}$$

und

$$\Omega = \frac{(1-\zeta)^2}{\zeta}\,\zeta\frac{\partial}{\partial\zeta}\left(-\zeta\frac{\partial}{\partial\zeta}+\xi\frac{\partial}{\partial\xi}\right)-s_2(\zeta-\zeta^{-1})\zeta\frac{\partial}{\partial\zeta}$$
$$+s_1(\zeta-\zeta^{-1})\left(-\zeta\frac{\partial}{\partial\zeta}+\xi\frac{\partial}{\partial\xi}\right)-s_1 s_2(\zeta+\zeta^{-1})$$
$$+s_1(1-s_1)+s_2(1-s_2). \tag{2.5}$$

Wir entwickeln nun $f(\zeta_1,\zeta_2)=f(\zeta\xi,\xi)=\tilde{f}(\zeta,\xi)$ bezüglich ξ in Fourier-Reihe, und es ergibt sich, wenn wir die Koeffizienten mit f_p bezeichnen,

$$\tilde{f}(\zeta,\xi)=\sum_{p=-\infty}^{\infty}f_p(\zeta)\,\xi^p, \tag{2.6}$$

wobei jeder Term vom Gewicht p ist.

Wir wenden $W_+^{s_1,s_2}$, $W_-^{s_1,s_2}$ und Ω gliedweise an. Für f_p bedeutet das Berechnung der Operatoren $\xi^{-p}W_+^{s_1,s_2}\xi^p=W_{+,p}^{s_1,s_2}$,

$$\xi^{-p}W_{-,p}^{s_1,s_2}\xi^p=W_{-,p}^{s_1,s_2}\quad\text{und}\quad\xi^{-p}\Omega\xi^p=\Omega_p.$$

Es ergibt sich, wenn man $\xi\frac{\partial}{\partial\xi}(\xi^p)=p\,\xi^p$ beachtet

$$W_{+,p}^{s_1,s_2}=\frac{1}{\xi}\left((\zeta-1)\frac{\partial}{\partial\zeta}+\frac{s_1}{\zeta}+s_2-p\right), \tag{2.7}$$

$$W_{-,p}^{s_1,s_2}=\xi\left((\zeta-1)\zeta\frac{\partial}{\partial\zeta}+s_1\zeta+s_2+p\right) \tag{2.8}$$

und

$$\Omega_p=(1-\zeta)\left\{-\zeta(1-\zeta)\frac{\partial^2}{\partial\zeta^2}-(1-p-s_1-s_2-(1+s_1+s_2-p)\zeta)\frac{\partial}{\partial\zeta}\right.$$
$$\left.+s_1(s_2-p)-\frac{s_1(s_2+p)}{\zeta}+\frac{(s_1+s_2)(1-s_1-s_2)}{1-\zeta}\right\}. \tag{2.9}$$

Man sieht, daß W_+ das Gewicht erniedrigt, W_- es erhöht, und daß Ω_p von ξ tatsächlich unabhängig ist. Dieser Operator wirkt auf die Funktionen f_p, die nur von ζ abhängen, und das Skalarprodukt $_p\langle\ ,\ \rangle$ entsteht aus dem ursprünglichen, indem man

$$_p\langle f_p,f_p\rangle=\left\langle f_p\left(\frac{\zeta_1}{\zeta_2}\right)\zeta_2^p,f_p\left(\frac{\zeta_1}{\zeta_2}\right)\zeta_2^p\right\rangle \tag{2.10}$$

setzt. Dann ist in den Fällen 1.–3., die wir gegenwärtig behandeln,

$$_p\langle\zeta^m,\zeta^n\rangle=\langle\zeta_1^m\zeta_2^{p-m},\zeta_1^n\zeta_2^{p-n}\rangle=\delta_{m,n}\mu_m(s_1)\mu_{p-m}(s_2). \tag{2.11}$$

Im Fall 1. (Hauptserie $\otimes$ Hauptserie) ist das Skalarprodukt auch gegeben durch

$$_p\langle f_p, f_p\rangle = \frac{1}{2\pi i}\int_{|\zeta|=1} |f_p(\zeta)|^2\,\frac{d\zeta}{\zeta}. \tag{2.12}$$

Im Fall 2. (ergänzende Serie $\otimes$ Hauptserie) ergibt sich nach einer einfachen Rechnung

$$_p\langle f_p, f_p\rangle = \left(\frac{1}{2\pi i}\right)^2 \int_{|\zeta|=1}\int_{|\xi|=1} f_p(\zeta)\, K_{s_1}\!\left(\frac{\zeta}{\xi}\right)\overline{f_p(\xi)}\,\frac{d\zeta}{\zeta}\,\frac{d\xi}{\xi}, \tag{2.13}$$

mit dem in (1.5) definierten K_{s_1}.

Im 3. Fall setzt man

$$K_{s_1,s_2,p}(\zeta) = \frac{1}{2\pi i}\int_{|\xi|=1} K_{s_1}\!\left(\frac{\zeta}{\xi}\right) K_{s_2}(\xi)\,\xi^{-p}\,\frac{d\xi}{\xi} \tag{2.14}$$

und erhält

$$_p\langle f_p, f_p\rangle = \left(\frac{1}{2\pi i}\right)^2 \int_{|\zeta|=1}\int_{|\xi|=1} f_p(\zeta)\, K_{s_1,s_2,p}\!\left(\frac{\zeta}{\xi}\right)\overline{f_p(\xi)}\,\frac{d\zeta}{\zeta}\,\frac{d\xi}{\xi}. \tag{2.15}$$

In diese Rechnung geht die Invarianz von $K_{s_2}(\xi)$ bei $\xi\to\xi^{-1}$ ein.

In den Fällen 4. und 5. (kontinuierlich $\otimes$ diskret, Darstellungsparameter s, l) verläuft die Rechnung weitgehend analog. Hier besteht ein dichter Teilraum des Hilbertraums H aus Funktionen f auf $U\times\mathfrak{E}$, die in der ersten Variablen in C^∞, in der zweiten auf der abgeschlossenen Kreisscheibe $\overline{\mathfrak{E}}$ analytisch sind. Man führt $w=\dfrac{z}{\zeta}$ und $\xi=\zeta$ als neue Variable ein und entwickelt dann nach Potenzen von ξ von der Form ξ^{p-l}, da $\left(\dfrac{z}{\zeta}\right)^{n}\zeta^{p-l}$ vom Gewicht p ist. Dann ergibt sich aus (1.25) und (1.26), wenn wir für die neue Variable w wieder z schreiben,

$$W^{s,l}_{+,p} = \frac{1}{\xi}\left((z-1)\frac{\partial}{\partial z}+s-p+l\right), \tag{2.16}$$

$$W^{s,l}_{-,p} = \xi\left((z-1)z\frac{\partial}{\partial z}+s+2lz+p-l\right) \tag{2.17}$$

und

$$\Omega_p = -z(1-z)^2\frac{\partial^2}{\partial z^2}-(1-z)(1+l-s-p-(1+3l+s-p)z)\frac{\partial}{\partial z}$$
$$-2l(p-l)(1-z)+l(1-l)+s(1-s)-2lsz. \tag{2.18}$$

Die Darstellung des Skalarproduktes durch einen Faltungskern benötigen wir in diesem und den noch folgenden Fällen 6. und 7. nicht. Das Skalarprodukt ist dadurch gekennzeichnet, daß die Funktionen

$$(\mu_n(l)\,\mu_{p-l-n}(s))^{-\frac{1}{2}}\,z^n, \qquad n=0,1,\dots,\infty \tag{2.19}$$

ein ON-System bilden. Der Hilbertraum H_p besteht aus in $\mathfrak{C}$ analytischen Funktionen, denn L^2-Konvergenz impliziert hier auf Kompakta gleichmäßige Konvergenz (s. BARGMAN [2], S. 622).

Im Fall 6. (diskret $\otimes$ diskret, $l_1>0$, $l_2>0$) entsteht eine neue Situation. Das kleinste vorkommende Gewicht ist $l_1+l_2>0$, und p läuft nur noch von l_1+l_2 bis ∞. Die Räume H_p werden endlich-dimensional, die Spektralzerlegung enthält kein kontinuierliches Spektrum, und die kontinuierliche Serie kommt darin nicht mehr vor.

Man setzt $z=z_1/z_2$, $w=z_2$, $z_1=wz$ und entwickelt dann nach Potenzen von w von der Form $w^{p-l_1-l_2}$, da $(z_1/z_2)\,z_2^{p-l_1-l_2}$ vom Gewicht p ist. Dann ergibt sich aus (1.27) und (1.28)

$$W_{+,p}^{l_1,l_2}=\frac{1}{w}\left((z-1)\frac{\partial}{\partial z}-p+l_1+l_2\right), \tag{2.20}$$

$$W_{-,p}^{l_1,l_2}=w\left((z-1)z\frac{\partial}{\partial z}+2l_1z+2l_2+p-l_1-l_2\right) \tag{2.21}$$

und

$$\Omega_p=(1-z)\left\{-z(1-z)\frac{\partial^2}{\partial z^2}-(1+l_1-l_2-p-(1+3l_1+l_2-p)z)\frac{\partial}{\partial z}\right.$$

$$\left.-2l_1(p-l_1-l_2)+\frac{(l_1+l_2)(1-l_1-l_2)}{1-z}\right\}. \tag{2.22}$$

Wieder ist das Skalarprodukt dadurch gekennzeichnet, daß die Funktionen

$$(\mu_n(l_1)\,\mu_{p-l_1-l_2-n}(l_2))^{-\frac{1}{2}}\,z^n, \qquad n=0,1,\dots,p-l_1-l_2, \tag{2.23}$$

ein ON-System bilden.

Im Fall 7. (diskret $\otimes$ diskret, $l_1>0$, $l_2<0$) ähnelt die Situation wieder mehr den Fällen 4. und 5. Es kommen alle Gewichte $p\in\mathbb{Z}$ vor, und die Räume festen Gewichts sind unendlich-dimensionale Räume analytischer Funktionen.

Wir setzen $z=z_1\bar{z}_2$, $w=z_1$ und entwickeln dann nach Potenzen von w von der Form $w^{p-l_1-l_2}$. Dann ergibt sich aus (1.29) und (1.30)

$$W_{+,p}^{l_1,l_2}=\frac{1}{w}\left((z-1)z\frac{\partial}{\partial z}-2l_2z-p+l_1+l_2\right), \tag{2.24}$$

$$W_{-,p}^{l_1,l_2}=w\left((z-1)\frac{\partial}{\partial z}+2l_1+p-l_1-l_2\right) \tag{2.25}$$

und

$$\Omega_p = (1-z)\left\{ -z(1-z)\frac{\partial^2}{\partial z^2} - (p-l_1-l_2+1-(p+l_1-3l_2+1)z)\frac{\partial}{\partial z} \right.$$

$$\left. -2l_2(p+l_1-l_2) + \frac{(l_1-l_2)(1-l_1+l_2)}{1-z} \right\}. \tag{2.26}$$

Auch hier ist das Skalarprodukt dadurch gekennzeichnet, daß die Funktionen

$$(\mu_{p-l_1-l_2+n}(l_1)\,\mu_n(l_2))^{-\frac{1}{2}}\,z^n, \qquad \max(0, l_1+l_2-p)\leq n<\infty \tag{2.27}$$

ein ON-System bilden.

§3. Spektralzerlegung von Ω_p in den Fällen 1.–3., vorläufige Form

In diesem Paragraphen soll die Spektralzerlegung des Operators Ω_p, beziehungsweise seiner selbstadjungierten Abschließung in H_p, in einer vorläufigen Form in den Fällen 1.–3. explizit berechnet werden. Die Form wird insofern vorläufig sein, als die Projektionen auf die eigentlichen und uneigentlichen Eigenvektoren nicht mit Hilfe des Skalarprodukts ausgedrückt werden, sondern durch gewisse, damit verwandte Integrale. Später (in §5) erfolgt dann die Umrechnung auf die endgültige Form.

In den genannten Fällen 1.–3. hat Ω_p die auf S. 22, Formel (2.9) angegebene Gestalt. Diese Gestalt hat auch die selbstadjungierte Abschließung, wenn wir die Ableitungs-Operatoren im Distributionssinn interpretieren. Im vorliegenden Fall beschreibt man diese Interpretation am einfachsten, indem man sich die Funktionen durch ihre Fourier-Entwicklung gegeben denkt und die Ableitungen gliedweise ausführt. Der genaue Definitionsbereich der selbstadjungierten Abschließung von Ω_p spielt im folgenden keine wesentliche Rolle. Wir bezeichnen die selbstadjungierte Abschließung von Ω_p wieder mit Ω_p, jedoch unterdrükken wir in den folgenden Betrachtungen den Index p und schreiben Ω statt Ω_p, für den Hilbertraum H statt H_p und für das Skalarprodukt $\langle,\rangle$. Der Plan, nach dem wir vorgehen, ist der folgende: wir wollen Lösungen von $(\Omega-\lambda)\,f=0$ explizit bestimmen. Dann läßt sich die Resolvente $(\Omega-\lambda)^{-1}$ „weitab vom Spektrum" nach der Variation-der-Konstanten-Formel angeben. In dieser Gestalt wird $(\Omega-\lambda)^{-1}$ bis ans Spektrum heran analytisch fortgesetzt, wobei man genaue Kontrolle über die singulären Terme behält. In den Fällen 2. und 3., vor allem wenn $s_1 + s_2 > \frac{3}{2}$ ist, muß man hierbei eine Beschreibung der singulären Terme durch Fourier-Entwicklung benützen. Integration rund ums Spektrum liefert dann durch einen Grenzübergang, bei dem der Integrationsweg ins Spektrum verschoben wird, die Spektralzerlegungs-Formel (s. etwa YOSI-DA [14], S. 324). Daß dieser Grenzübergang mit der Integration vertauscht werden kann, erfordert Abschätzungen gewisser Integrale im L^2-Sinn. Diese Abschätzungen werden auf §4 verschoben, wo sie für die Zwecke einer späteren Probe durch Renormierung schärfer durchgeführt werden, als dies für §3 nötig gewesen wäre.

Den Fall $s_1 = s_2$ wollen wir bei den folgenden Rechnungen ausschließen. Im Fall 1. bedeutet dies keine wesentliche Einschränkung, da s_1 und $1 - s_1$ äquivalente Darstellungen liefern und wir nicht spezifiziert haben, ob $\operatorname{Im}(s_1) > 0$ ist oder nicht. Im Fall 5. erfordert der Übergang $s_1 \to 1 - s_1$ einige zusätzliche Überlegungen, da wir die Darstellungen der ergänzenden Serie nur für $s_2 > \frac{1}{2}$ beschrieben haben. Der einzige wesentliche Unterschied liegt dann in der Gestalt der Eigenfunktion für t zwischen $\frac{1}{2}$ und 1, wenn diese auftritt. Indessen bleiben die Betrachtungen in ihrem Charakter unverändert, und wir wollen darauf nicht näher eingehen.

Aus Formel (2.9) auf S. 22 erhalten wir, wenn wir nun die Ableitungen nicht mehr als partielle schreiben,

$$(\Omega - \lambda) = -(1 - \zeta)\left\{ \zeta(1 - \zeta)\frac{d^2}{d\zeta^2} + (1 - s_1 - s_2 - p - (1 + s_1 + s_2 - p)\zeta)\frac{d}{d\zeta} \right.$$
$$\left. - s_1(s_2 - p) + \frac{s_1(s_2 + p)}{\zeta} - \frac{(s_1 + s_2)(1 - s_1 - s_2) - \lambda}{1 - \zeta} \right\}. \tag{3.1}$$

Wir setzen an

$$\zeta^\alpha(1 - \zeta)^\beta \frac{1}{1 - \zeta}(\Omega - \lambda)\zeta^{-\alpha}(1 - \zeta)^{-\beta} = \Omega_{\alpha, \beta} \tag{3.2}$$

und wollen α und β so bestimmen, daß die Terme mit ζ bzw. $1 - \zeta$ im Nenner verschwinden. Dies führt auf die Gleichungen

$$\alpha^2 + (s_1 + s_2 + p)\alpha + s_1(s_2 + p) = 0 \tag{3.3}$$

und

$$\beta^2 - 2(s_1 + s_2 - \tfrac{1}{2})\beta - (s_1 + s_2)(1 - s_1 - s_2) + \lambda = 0. \tag{3.4}$$

Dies sind die Indexgleichungen für $\zeta = 0$ und $\zeta = 1$. Zur bequemen Darstellung der Lösung von (3.4) setzen wir für $\lambda \notin [\frac{1}{4}, \infty)$

$$t = \tfrac{1}{2} + \sqrt{\tfrac{1}{4} - \lambda} \quad \text{mit} \quad \operatorname{Re}(t) > \tfrac{1}{2}. \tag{3.5}$$

Dann lösen

$$\alpha = -s_1, \qquad \beta = t - 1 + s_1 + s_2 \tag{3.6}$$

die Indexgleichungen (3.5) und (3.4), und es wird mit dieser Wahl von α und β

$$\Omega_{\alpha,\beta} = \zeta(1-\zeta)\frac{d^2}{d\zeta^2} + (1 + s_1 - s_2 - p - (3 - 2t + s_1 - s_2 - p)\zeta)\frac{d}{d\zeta}$$

$$- (1 - t - p)(1 - t + s_1 - s_2). \tag{3.7}$$

Die Gleichung $\Omega_{\alpha,\beta}\,f(\zeta) = 0$ ist nun eine hypergeometrische Differentialgleichung mit den Parametern

$$a = 1 - t + s_1 - s_2, \qquad b = 1 - t - p \quad \text{und} \quad c = 1 + s_1 - s_2 - p.$$

Ist f eine Lösung dieser Gleichung, so ist $\zeta^{-\alpha}(1-\zeta)^{-\beta}f(\zeta)$ eine Lösung von $(\Omega - \lambda)\,f(\zeta) = 0$.

Uns interessieren diese Lösungen auf der Peripherie des Einheitskreises, wobei bei $\zeta = 1$ eine singuläre Stelle liegt. Damit die ζ-Potenz auf dieser Peripherie ohne $\zeta = 1$ durch den Hauptwert eindeutig definiert ist, schreiben wir sie als Potenz von $-\zeta$ und nehmen die entsprechenden konstanten Faktoren heraus. Die Potenzen von $1 - \zeta$ sind ohnehin durch den Hauptwert eindeutig definiert. Unter dem Hauptwert des Logarithmus verstehen wir jenen Wert, der für reelles positives Argument positiv ist, wobei die Ebene längs der negativen reellen Achse aufgeschnitten ist. Ein Fundamentalsystem von Lösungen für $(\Omega - \lambda)\,f(\zeta) = 0$ besteht nach dem Vorstehenden aus

$$f_1(\zeta, t) = e^{\pi i s_1}(-\zeta)^{s_1}(1-\zeta)^{1 - t - s_1 - s_2}$$
$$\cdot F(1 - t + s_1 - s_2, 1 - t - p; 1 + s_1 - s_2 - p; \zeta) \tag{3.8}$$

und

$$f_2(\zeta, t) = e^{\pi i (s_2 + p)}(-\zeta)^{s_2 + p}(1-\zeta)^{1 - t - s_1 - s_2}$$
$$\cdot F(1 - t - s_1 + s_2, 1 - t + p; 1 - s_1 + s_2 + p; \zeta). \tag{3.9}$$

Hierbei bedeutet $F(a, b; c; z)$ die übliche hypergeometrische Funktion.

Die Funktionen $f_1(\zeta, t)$ und $f_2(\zeta, t)$ liegen für allgemeines t nicht im Hilbertraum, wie wir später sehen werden. Dieses Fundamentalsystem hat die folgenden Vorteile:

1. Die hypergeometrischen Funktionen sind auf der ganzen Peripherie U des Einheitskreises ohne $\zeta = 1$ eindeutig definiert.

2. Setzt man $f_1(\zeta, t)$ und $f_2(\zeta, t)$ für $\zeta \neq 1$ als Funktionen von t in den Bereich $\mathrm{Re}(t) \leq \frac{1}{2}$ analytisch fort, so gilt

$$f_i(\zeta, t) = f_i(\zeta, 1 - t) \quad (i = 1, 2).$$

Dieses Fundamentalsystem ist also rechnerisch bequem.

Die Wronski-Determinante

$$W_f(\zeta, t) = f_1(\zeta, t)\, f_2'(\zeta, t) - f_1'(\zeta, t)\, f_2(\zeta, t)$$

(′ bedeutet natürlich Ableitung nach ζ) genügt bekanntlich der Differentialgleichung

$$W_f'(\zeta, t) = -\frac{a_1(\zeta)}{a_0(\zeta)}\, W_f(\zeta, t),$$

wobei $a_0(\zeta)$ und $a_1(\zeta)$ die Koeffizienten von $d^2/d\zeta^2$ bzw. $d/d\zeta$ in der Ausgangs-Differentialgleichung (3.1) sind. In unserem Falle ist $a_0(\zeta) = -\zeta(1-\zeta)^2$ und

$$a_1(\zeta) = -(1-\zeta)(1 - s_1 - s_2 - p - (1 + s_1 + s_2 - p)\,\zeta).$$

Teilbruchzerlegung und Trennung der Variablen zeigt, daß

$$W_f(\zeta, t) = C(-\zeta)^{s_1 + s_2 + p - 1}(1-\zeta)^{-2(s_1 + s_2)}$$

mit einer von ζ unabhängigen Konstanten C gilt.

Da f_1 und f_2 für $\operatorname{Im}(\zeta) > 0$ im Innern des Einheitskreises regulär sind, können wir den konstanten Faktor C durch den Grenzübergang $\zeta \to 0$ bestimmen und erhalten

$$W_f(\zeta, t) = (s_1 - s_2 - p)\, e^{\pi i(s_1 + s_2 + p)}(-\zeta)^{s_1 + s_2 + p - 1}(1-\zeta)^{-2(s_1 + s_2)}. \quad (3.10)$$

Zur Aufstellung der Resolventen benötigen wir ein weiteres Fundamentalsystem, bei dem die eine Funktion sich für $\zeta \to 1 + i \cdot 0$, die andere für $\zeta \to 1 - i \cdot 0$ wie eine quadratisch integrierbare Funktion verhält. Für $\operatorname{Im}(\zeta) > 0$ ist

$$h_1(\zeta, t) = e^{\pi i s_1}(-\zeta)^{s_1}(1-\zeta)^{t - s_1 - s_2} F(t + s_1 - s_2,\ t - p;\ 2t;\ 1 - \zeta) \quad (3.11)$$

eine solche Lösung von $(\Omega - \lambda) f = 0$. Sie verhält sich für $\zeta \to 1$ wie $(1-\zeta)^{t - s_1 - s_2}$, ist also für $\operatorname{Re}(t) > \operatorname{Re}(s_1 + s_2)$ beschränkt. Wir werden später zeigen, daß $(1-\zeta)^{t - s_1 - s_2}$ für $\operatorname{Re}(t) > \frac{1}{2}$, $t \neq s_1 + s_2 - 1$, im Sinn unseres Skalarprodukts quadratisch integrierbar ist. Für $\operatorname{Re}(s_1 + s_2) > \frac{3}{2}$ ist hierzu allerdings eine renormierende Interpretation notwendig.

Wir haben $h_1(\zeta, t)$ durch (3.11) nur für $\operatorname{Im}(\zeta) > 0$ definiert. Die analytische Fortsetzung in den Bereich $|\zeta| = 1$, $\zeta \neq 1$ geschieht mit Hilfe der Zusammenhangsformeln der hypergeometrischen Funktion. Es ist nämlich, immer noch für $\operatorname{Im}(\zeta) > 0$,

$$h_1(\zeta, t) = \Gamma_{1,1}(t)\, f_1(\zeta, t) + \Gamma_{1,2}(t)\, f_2(\zeta, t) \quad (3.12)$$

mit

$$\Gamma_{1,1}(t) = \frac{\Gamma(2t)\,\Gamma(-s_1+s_2+p)}{\Gamma(t+p)\,\Gamma(t-s_1+s_2)}$$

und

$$\Gamma_{1,2}(t) = \frac{\Gamma(2t)\,\Gamma(s_1-s_2-p)}{\Gamma(t-p)\,\Gamma(t+s_1-s_2)} \tag{3.13}$$

s. Bateman [3] S.107.

Die Formel (3.12) setzt $h_1(\zeta, t)$ in den Bereich $\zeta \notin \mathbb{R}^+$ fort, insbesondere auf $U \smallsetminus \{1\}$. Für $\mathrm{Im}(\zeta) < 0$ gibt (3.12) eine andere Funktion als (3.11); wir bezeichnen mit h_1 die durch (3.12) gegebene Funktion. Natürlich ist diese Funktion für $\zeta \to 1 - i \cdot 0$ weder beschränkt noch quadratisch integrierbar. Auf dieselbe Art erhält man eine Funktion $h_2(\zeta, t)$, die sich für $\zeta \to 1 - i \cdot 0$ wie $(1-\zeta)^{t-s_1-s_2}$ verhält. Wir übergehen die einfache Rechnung, die darauf beruht, daß $f_1(\zeta, t)$ und $f_2(\zeta, t)$ jeweils nur einen konstanten Faktor aufnehmen, wenn ζ den Ursprung umrundet. Wir haben

$$h_2(\zeta, t) = \Gamma_{2,1}(t)\,f_1(\zeta, t) + \Gamma_{2,2}(t)\,f_2(\zeta, t) \tag{3.14}$$

mit

$$\Gamma_{2,1}(t) = e^{-\pi i(s_1-s_2)}\,\Gamma_{1,1}(t)$$

und

$$\Gamma_{2,2}(t) = e^{-\pi i(-s_1+s_2)}\,\Gamma_{1,2}(t). \tag{3.15}$$

Natürlich ist $h_2(\zeta, t)$ durch die Forderung „guten" Verhaltens bei $\zeta \to 1 - i \cdot 0$ nur bis auf einen konstanten Faktor bestimmt. Wir haben diesen so gewählt, daß h_1 und h_2 ein möglichst symmetrisches Fundamentalsystem bilden. Da die $\Gamma_{i,j}(t)$ von ζ unabhängig sind, können wir die Wronski-Determinante $W_h(\zeta, t)$ von h_1 und h_2 nach dem Determinanten-Multiplikationssatz aus $W_f(\zeta, t)\,\det(\Gamma_{i,j}(t))$ berechnen. Hierbei ist

$$\begin{aligned}
\det(\Gamma_{i,j}(t)) &= \Gamma_{1,1}(t)\,\Gamma_{2,2}(t) - \Gamma_{1,2}(t)\,\Gamma_{2,1}(t) \\
&= 2i \sin \pi(s_1 - s_2)\,\Gamma_{1,1}(t)\,\Gamma_{1,2}(t).
\end{aligned} \tag{3.16}$$

Nun können wir die Resolvente mit Hilfe eines Integralkerns darstellen, zumindest für einen dichten Teilraum.

Lemma 3.1. *Ist h eine stetig differenzierbare Funktion auf der Peripherie des Einheitskreises, so ist die Resolvente $(\Omega - \lambda)^{-1}h$ für* $\mathrm{Re}(t) > \mathrm{Re}(s_1 + s_2)$, $t(1-t) = \lambda$, $t \neq 2, 3, \ldots, |p|$, *gegeben durch*

$$\begin{aligned}
f(\zeta) = ((\Omega - \lambda)^{-1}h)(\zeta) = h_1(\zeta, t) \oint_{\zeta}^{1} \frac{h(\xi)\,h_2(\xi, t)}{W_h(\xi, t)\,a_0(\xi)}\,d\xi \\
+ h_2(\zeta, t) \oint_{1}^{\zeta} \frac{h(\xi)\,h_1(\xi, t)}{W_h(\xi, t)\,a_0(\xi)}\,d\xi.
\end{aligned} \tag{3.17}$$

Hierbei bezeichnet $\oint$ ein im positiven Sinn auf der Peripherie U des Einheitskreises verlaufendes komplexes Linienintegral.

Für den Beweis muß man sich zunächst überlegen, daß die beiden Integrale in (3.17) für $\zeta \neq 1$ tatsächlich existieren. Dabei wurden die Punkte $t = 2, 3, \ldots, |p|$ ausgeschlossen, da $\dfrac{1}{W_h(\zeta, t)}$ dort Pole besitzt, wie man aus (3.16) und (3.15) ersieht. Nun ist aber für $\xi \to 1 - i \cdot 0$

$$\frac{h_2(\xi, t)}{W_h(\xi, t)\, a_0(\xi)} = O((1 - \xi)^{t + s_1 + s_2 - 2}) \tag{3.18}$$

und ebenso für $\xi \to 1 + i \cdot 0$

$$\frac{h_1(\xi, t)}{W_h(\xi, t)\, a_0(\xi)} = O((1 - \xi)^{t + s_1 + s_2 - 2}). \tag{3.19}$$

Für $\operatorname{Re}(t) > 1$ sind diese Ausdrücke beschränkt. Für $\frac{1}{2} < \operatorname{Re}(t) < 1$ sind sie zwar möglicherweise nicht mehr beschränkt, aber immer noch integrierbar.

Weiter muß man sich klar machen, daß für das durch (3.17) gegebene f die Funktion $(\Omega - \lambda) f$ tatsächlich durch lokales Ableiten gewonnen werden kann, obgleich f für $\zeta = 1$ möglicherweise nicht differenzierbar ist. Die Wirkung von Ω ist folgendermaßen zu berechnen: man wählt eine Testfunktion $\tilde{f} \in C^\infty(U)$ und bildet $(\Omega f, \tilde{f})$ mit dem normalen, durch ein Linienintegral gegebenen Skalarprodukt (im Fall 1. ist das gleichzeitig das durch (2.12) definierte Skalarprodukt im Hilbertraum, sonst nicht). Nun kann Ω auch als Differentialoperator in $\zeta \dfrac{d}{d\zeta}$ geschrieben werden, und dann bedeutet gliedweises Ableiten der Fourier-Entwicklung (so wurde Ω als selbstadjungierter Abschluß definiert) gerade, daß $\zeta \dfrac{d}{d\zeta}$ formal übergeschoben werden kann. So erhält man

$$(\Omega f, \tilde{f}) = (f, \tilde{\Omega} \tilde{f}) \tag{3.20}$$

mit einem Differentialoperator $\tilde{\Omega}$, der formalen Adjungierten von Ω. Die rechte Seite von (3.20) ist durch ein Integral über U gegeben. In diesem Integral schiebt man $\tilde{\Omega}$ durch partielle Integration zurück, wobei diesmal die ausintegrierten Bestandteile mitzuführen sind. Genau dann kann Ωf durch lokales Ableiten gewonnen werden, wenn bei den partiellen Integrationen die ausintegrierten Bestandteile verschwinden. Da für $\zeta \to 1$

$$a_0(\zeta) = O((1 - \zeta)^2), \qquad a_0'(\zeta) = O(1 - \zeta) \tag{3.21}$$

und

$$a_1(\zeta) = O(1 - \zeta) \tag{3.21}$$

gilt, ist eine hinreichende Bedingung für dieses Verschwinden: f ist auf $U \smallsetminus \{1\}$ zweimal stetig differenzierbar und für $\zeta \to 1 + i \cdot 0$ und $\zeta \to 1 - i \cdot 0$ ist .

$$f(\zeta) = o((1 - \zeta)^{-1}) \quad \text{und} \quad f'(\zeta) = o((1 - \zeta)^{-2}). \tag{3.22}$$

Nun müssen wir nur noch zeigen, daß das f aus (3.17) diese Bedingung erfüllt. Die Differenzierbarkeitsbedingung ist klar, da wir ja die Variation-der-Konstanten-Formel angesetzt haben und h stetig ist. Für die Wachstumsbedingung müssen wir noch verwenden, daß $h_1(\zeta, t)$ für $\zeta \to 1 - i \cdot 0$ und $h_2(\zeta, t)$ für $\zeta \to 1 + i \cdot 0$ von der Größenordnung $O((1 - \zeta)^{1 - t - s_1 - s_2})$ sind. Dies folgt aus den Zusammenhangsformeln (3.12) und (3.14), wenn man bedenkt, daß $F(a, b; c; 1)$ für $\mathrm{Re}(c - a - b) > 0$ existiert.

Damit wird dann, etwa für $\zeta \to 1 + i \cdot 0$,

$$f(\zeta) = O\left((1 - \zeta)^{t - s_1 - s_2} \oint_{\zeta}^{1} (1 - \xi)^{-t + s_1 + s_2 - 1} d\xi\right)$$
$$+ O\left((1 - \zeta)^{1 - t - s_1 - s_2} \oint_{1}^{\zeta} (1 - \xi)^{t + s_1 + s_2 - 2} d\xi\right). \tag{3.23}$$

Beide Terme sind wegen $\mathrm{Re}(t) > \mathrm{Re}(s_1 + s_2)$ beschränkt. Für $\zeta \to 1 - i \cdot 0$ verläuft die Rechnung genau so.

Da die Ableitung von f gegeben ist durch

$$f'(\zeta) = h_1'(\zeta, t) \oint_{\zeta}^{1} \frac{h(\xi) h_2(\xi, t)}{W_h(\xi, t) a_0(\xi)} d\xi$$
$$+ h_2'(\zeta, t) \oint_{1}^{\zeta} \frac{h(\xi) h_1(\xi, t)}{W_h(\xi, t) a_0(\xi)} d\xi, \tag{3.24}$$

kann man hier ganz entsprechend schließen. Da f beschränkt ist, liegt es tatsächlich in H, und Lemma 3.1 ist bewiesen. Um aus der Resolventen die Umkehrformel mit explizitem Spektralmaß zu gewinnen, müssen wir die Resolvente bis ans Spektrum heran analytisch fortsetzen, also jedenfalls in den Bereich $\mathrm{Re}(t) > \frac{1}{2}$, $\mathrm{Im}(t) \neq 0$. Die Integrale in (3.17) konvergieren in diesem Bereich, für $t \neq 1, 2, \ldots, |p|$ sogar in $\mathrm{Re}(t) > \frac{1}{2}$; aber liegt die dargestellte Funktion f im Hilbertraum H?

Um dies zu prüfen, müssen wir die Fourier-Entwicklung von f studieren. Hierzu spalten wir von f singuläre Terme ab, deren Fourier-Entwicklung wir explizit bestimmen. Für den Rest ist die Behauptung klar, da er für $\mathrm{Re}(s_1 + s_2) \leq \frac{3}{2}$ beschränkt ist, für $s_1 + s_2 > \frac{3}{2}$ aber jedenfalls integrierbar, so daß die Fourier-Entwicklung durch Integration zu gewinnen ist und beschränkte Koeffizienten hat.

Wir zeigen also

Lemma 3.2. *Für* $\frac{1}{2} < \mathrm{Re}(t) < \mathrm{Re}(s_1 + s_2)$, $t \neq 1$, *gilt für* $\zeta \to 1 \pm i \cdot 0$

$$f(\zeta) = C_{\pm}(t)(1 - \zeta)^{t - s_1 - s_2} + O((1 - \zeta)^{t - s_1 - s_2 + 1}) + O(1). \qquad (3.25)$$

Hierbei ist

$$C_{\pm}(t) = \oint_{1}^{1} \frac{h(\xi)\, hh_2(\xi, t)}{W_h(\xi, t)\, a_0(\xi)} \, d\xi.$$

Auch die in O vorkommenden Konstanten hängen analytisch von t ab.

Beweis. Wir führen den Beweis nur für $\zeta \to 1 + i \cdot 0$. Die Abschätzung des 2. Terms in (3.17) wurde bereits bei Lemma 3.1 geleistet, hier ändert sich nichts, dieser ist beschränkt.

Für den 1. Term von (3.17) nützen wir aus, daß nun

$$\oint_{1}^{1} \frac{h(\xi)\, h_2(\xi, t)}{W_h(\xi, t)\, a_0(\xi)} \, d\xi$$

konvergent ist, und schreiben

$$h_1(\zeta, t) \oint_{\zeta}^{1} \frac{h(\xi)\, h_2(\xi, t)}{W_h(\xi, t)\, a_0(\xi)} \, d\xi = h_1(\zeta, t) \left(\oint_{1}^{1} \sim d\xi - \oint_{1}^{\zeta} \sim d\xi \right). \qquad (3.26)$$

Nun trifft auf den 2. Term wieder die Abschätzung aus Lemma 3.1 zu, er ist beschränkt. Im 1. Term ist das Integral eine Konstante mit den geforderten Eigenschaften, und für $h_1(\zeta, t)$ haben wir eine mit $(1 - \zeta)^{t - s_1 - s_2}$ beginnende Potenzreihen-Entwicklung mit von t analytisch abhängigen Koeffizienten. Lemma 3.2 ist bewiesen.

Der Term, der sich für $\zeta \to 1 + i \cdot 0$ wie $(1 - \zeta)^{t - s_1 - s_2}$ verhält, ist für $\mathrm{Re}(t) < \mathrm{Re}(s_1 + s_2 - 1)$ nicht integrierbar, und wir müssen uns überlegen, wie wir ihm eine Fourier-Entwicklung zuordnen. Da wir solche Fourier-Entwicklungen später mehrfach benötigen, wollen wir an dieser Stelle zeigen, wie man sie durch analytische Fortsetzung gewinnt. Wir berechnen die Fourier-Entwicklung von

$$f_{\alpha, \beta}(\zeta) = e^{\pi i \beta}(-\zeta)^{\beta}(1 - \zeta)^{\alpha}, \qquad \mathrm{Re}(\alpha) > -1, \qquad \mathrm{Im}(\alpha) \neq 0. \qquad (3.27)$$

Wir setzen

$$a_n(\alpha, \beta) = \frac{1}{2\pi i} \oint_{1}^{1} f_{\alpha, \beta}(\zeta)\, \zeta^{-n} \frac{d\zeta}{\zeta} = \frac{e^{\pi i \beta}}{2\pi i} \oint_{1}^{1} (-\zeta)^{\beta}(1 - \zeta)^{\alpha} \zeta^{-n-1} \, d\zeta. \qquad (3.28)$$

Dies ist für $\mathrm{Re}(\beta) > n$ gleich

$$a_n(\alpha, \beta) = \frac{e^{\pi i \beta}}{2\pi i}\left(\int_1^0 (-\zeta)^\beta (1-\zeta)^\alpha \zeta^{-n-1}\, d\zeta + \int_0^1 \sim d\zeta\right),$$

wobei im ersten Integral am oberen, im zweiten Integral am unteren Ufer zu integrieren ist. Dies ergibt

$$a_n(\alpha, \beta) = \frac{e^{\pi i \beta}\, \sin \pi \beta}{\pi}\, B(\beta - n, \alpha + 1)$$

$$= \frac{e^{\pi i \beta}\, \sin \pi \beta}{\pi}\, \frac{\Gamma(\beta - n)\, \Gamma(\alpha + 1)}{\Gamma(\alpha + \beta - n + 1)}. \tag{3.29}$$

Diese Gleichung ist durch analytische Fortsetzung für alle β gültig, wo die rechte Seite keinen Pol hat. Die Ergänzungsformel der Gamma-Funktion ergibt außerdem

$$a_n(\alpha, \beta) = \frac{e^{\pi i \beta}\, \sin \pi(\alpha + \beta + 1)}{\pi}\, \frac{\Gamma(n - \alpha - \beta)\, \Gamma(\alpha + 1)}{\Gamma(1 + n - \beta)}. \tag{3.30}$$

Die Ausdrücke (3.29) und (3.30) setzen $a_n(\alpha, \beta)$ als Funktion von β analytisch in die ganze Ebene fort (beide haben hebbare Singularitäten, aber an verschiedenen Stellen). Für $\mathrm{Re}(\alpha) \leq -1$ definieren wir nun die Fourier-Entwicklung von $f_{\alpha,\beta}(\zeta)$ durch (3.29) bzw. (3.30). Diese Fourier-Koeffizienten sind also die analytische Fortsetzung der Fourier-Koeffizienten, die man für $\mathrm{Re}(\alpha) > -1$ erhielt, und sie haben bei $\alpha = -1$ einen Pol mit dem von n unabhängigen Residuum $\dfrac{e^{\pi i \beta}\, \sin \pi \beta}{\pi}$.

Wendet man auf (3.29) und (3.30) die Stirlingsche Formel an, so erhält man Auskunft über das asymptotische Verhalten der Koeffizienten $a_n(\alpha, \beta)$:

Für $n \to -\infty$ ist

$$a_n(\alpha, \beta) = \frac{e^{\pi i \beta}\, \sin \pi \beta\, \Gamma(\alpha + 1)}{\pi}\, (-n)^{-\alpha - 1} + O((-n)^{-\alpha - 2}), \tag{3.31}$$

und für $n \to \infty$ haben wir

$$a_n(\alpha, \beta) = \frac{-e^{\pi i \beta}\, \sin \pi(\alpha + \beta)\, \Gamma(\alpha + 1)}{\pi}\, (n)^{-\alpha - 1} + O(n^{-\alpha - 2}). \tag{3.32}$$

Die Funktion $f_{\alpha,\beta}(\zeta)$ hat für $\zeta \to 1$ bei $\mathrm{Re}(\alpha) < 0$ singuläres Verhalten, und zwar ist für $\zeta \to 1 + i \cdot 0$

$$f_{\alpha,\beta}(\zeta) = (1 - \zeta)^\alpha + O((1 - \zeta)^{\alpha + 1}) \tag{3.33}$$

und für $\zeta \to 1 - i \cdot 0$

$$f_{\alpha,\beta}(\zeta) = e^{2\pi i \beta}(1-\zeta)^\alpha + O((1-\zeta)^{\alpha+1}). \qquad (3.34)$$

In der Resolventen kommen aber Terme vor, die nur für entweder $\zeta \to 1 + i \cdot 0$ oder für $\zeta \to 1 - i \cdot 0$ singuläres Verhalten zeigen. Solche Funktionen lassen sich als Linearkombinationen von $f_{\alpha,\beta}$ und $f_{\alpha,\gamma}$ mit $\beta \neq \gamma$ darstellen, indem man die Koeffizienten so wählt, daß ein dominierender Term verschwindet.

Hierzu setzt man

$$h_{a,\beta,\gamma}(\zeta) = \frac{f_{\alpha,\beta}(\zeta) - f_{\alpha,\gamma}(\zeta)}{e^{2\pi i \beta} - e^{2\pi i \gamma}} \qquad (3.35)$$

Dann ist für $\zeta \to 1 + i \cdot 0$

$$h_{\alpha,\beta,\gamma}(\zeta) = O((1-\zeta)^{\alpha+1}),$$

und für $\zeta \to 1 - i \cdot 0$

$$h_{\alpha,\beta,\gamma}(\zeta) = (1-\zeta)^\alpha + O((1-\zeta)^{\alpha+1}).$$

Definiert man wieder für $\mathrm{Re}(\alpha) < -1$ die Fourier-Koeffizienten $c_n(\alpha,\beta,\gamma)$ durch analytische Fortsetzung, so ist

$$c_n(\alpha,\beta,\gamma) = \frac{a_n(\alpha,\beta) - a_n(\alpha,\gamma)}{e^{2\pi i \beta} - e^{2\pi i \gamma}}, \qquad (3.36)$$

und wir bekommen für c_n das folgende asymptotische Verhalten:

Für $n \to \infty$ ist

$$c_n(\alpha,\beta,\gamma) = \frac{-e^{\pi i \alpha}}{2\pi i} \Gamma(\alpha+1) n^{-\alpha-1} + O(n^{-\alpha-2}). \qquad (3.37)$$

Für $n \to -\infty$ ist

$$c_n(\alpha,\beta,\gamma) = \frac{i}{2\pi i} \Gamma(\alpha+1)(-n)^{-\alpha-1} + O((-n)^{-\alpha-2}).$$

Für den umgekehrten Fall, stark singuläres Verhalten für $\zeta \to 1 + i \cdot 0$, weniger stark für $\zeta \to 1 - i \cdot 0$, verwendet man die Funktion

$$\tilde{h}_{\alpha,\beta,\gamma}(\zeta) = \frac{e^{-2\pi i \beta} f_{\alpha,\beta}(\zeta) - e^{-2\pi i \gamma} f_{\alpha,\gamma}(\zeta)}{e^{-2\pi i \beta} - e^{-2\pi i \gamma}}; \qquad (3.38)$$

man bezeichnet die Fourier-Koeffizienten von $\tilde{h}$ mit $\tilde{c}_n(\alpha,\beta,\gamma)$ und erhält für $n \to \infty$

$$\tilde{c}_n(\alpha,\beta,\gamma) = \frac{e^{-\pi i \alpha}}{2\pi i} \Gamma(\alpha+1) n^{-\alpha-1} + O(n^{-\alpha-2})$$

und für $n \to -\infty$

$$\tilde{c}_n(\alpha, \beta, \gamma) = -\frac{1}{2\pi i} \Gamma(\alpha+1)(-n)^{-\alpha-1} + O((-n)^{-\alpha-2}). \qquad (3.39)$$

Das Residuum bei $\alpha = -1$ des durch (3.36) gegebenen Koeffizienten ist $\frac{1}{2\pi i}$, bei (3.38) ist es $\frac{-1}{2\pi i}$, unabhängig von n.

Damit sind die Vorbereitungen für die analytische Fortsetzung der Resolventen abgeschlossen. Wir interpretieren den durch (3.17) gegebenen Ausdruck so, daß die Fourier-Entwicklung der nicht in $L^1(U)$ liegenden Terme, die ja für $\zeta \to 1 + i \cdot 0$ bzw. $\zeta \to 1 - i \cdot 0$ Vielfache von $(1-\zeta)^{t-s_1-s_2}$ sind, entsprechend (3.29), (3.30) und (3.36) bestimmt ist. Dann gilt

Lemma 3.3. *Die durch (3.17) gegebene Funktion f liegt für $\mathrm{Re}(t) > \frac{1}{2}$, $t \neq 1, 2, \ldots, |p|$, $t \neq s_1 + s_2 - 1$, in dem durch (2.11) charakterisierten Hilbertraum H. Die Abhängigkeit von t ist dabei analytisch.*

Zum Beweis brauchen wir nur das asymptotische Verhalten der Fourier-Koeffizienten von f, das wir abgeschätzt haben, mit dem von $\mu_n(s_1)$ und $\mu_n(s_2)$ zu vergleichen. Die Funktion f mit der Fourier-Entwicklung $f(\zeta) = \sum\limits_{n=-\infty}^{\infty} b_n \zeta^n$ liegt im Hilbertraum H, wenn

$$\langle f, f \rangle = \sum_{n=-\infty}^{\infty} |b_n|^2 \mu_n(s_1) \mu_{p-n}(s_2)$$

konvergiert. Nun ist in unserem Fall, wie eben gezeigt,

$$|b_n|^2 = O(|n|^{2s_1 + 2s_2 - 2t - 2}),$$

andererseits nach (1.9)

$$\mu_n(s_1) = O(|n|^{1-2s_1})$$

und

$$\mu_n(s_2) = O(|n|^{1-2s_2}),$$

somit ist

$$|a_n|^2 \mu_n(s_1) \mu_{p-n}(s_2) = O(|n|^{-2t}),$$

und dies konvergiert für $\mathrm{Re}(t) > \frac{1}{2}$.

Damit ist die analytische Fortsetzung der Resolvente bis ans Spektrum heran geleistet.

Da für $\mathrm{Re}(t) > \frac{1}{2}$ auch $\mathrm{Re}(1-t) < \mathrm{Re}(t)$ ist, haben wir gleichzeitig gezeigt, daß f_1 und f_2 für allgemeines t mit $\mathrm{Re}(t) > \frac{1}{2}$ nicht in H liegen, wie bei (3.8), (3.9) erwähnt wurde.

Nun wollen wir aus der Resolvente die Umkehrformel gewinnen, indem wir „rund ums Spektrum integrieren".

Es ist nämlich (s. YOSIDA [14], S. 324)

$$f = \lim_{\substack{\alpha \to -\infty \\ \beta \to \infty}} \lim_{v \to 0_+} \frac{-1}{2\pi i} \left\{ \int_\alpha^\beta (\Omega - (u - iv))^{-1} f \, du \right.$$

$$\left. + \int_\beta^\alpha (\Omega - (u + iv))^{-1} f \, du \right\}, \tag{3.40}$$

wobei die Grenzwerte im Hilbertraum-Sinn zu verstehen sind, und dies ist die zu Ω gehörende Spektralzerlegung von f. Die Reihenfolge der Grenzwerte ist dabei von Bedeutung. Schreibt man die Integration über den Eigenwert-Parameter auf das von uns eingeführte t um, so ergibt sich das Integral

$$f_{v,\alpha,\beta} = \frac{-1}{2\pi i} \int_{W_{v,\alpha,\beta}} (\Omega - \lambda(t))^{-1} f \quad (1 - 2t) \, dt. \tag{3.41}$$

Mit $t = \sigma + iv$ und $\lambda = u + iv$ ist hierbei

$$u + iv = \lambda = t(1 - t) = (\sigma + i\tau)(1 - \sigma - i\tau)$$
$$= \sigma(1 - \sigma) + \tau^2 + i(1 - 2\sigma)\tau. \tag{3.42}$$

Wir wollen den Grenzübergang $v \to 0$ durchführen, mit dem durch (3.17) gegebenen $(\Omega - \lambda)^{-1}$. Wenn dies zulässig ist, so ergibt sich, immer noch im Hilbertraum-Sinn,

$$f = \frac{-1}{2\pi i} \int_W (\Omega - \lambda(t))^{-1} f \quad (1 - 2t) \, dt. \tag{3.43}$$

Wir stellen uns dabei den Term mit $u + iv$ zuerst angeschrieben vor. Dann verläuft W folgendermaßen, wie man aus (3.42) entnimmt: von $\frac{1}{2} - i\infty$ am rechten Ufer von $\mathrm{Re}(t) = \frac{1}{2}$ bis nach $\frac{1}{2}$, von dort am unteren Ufer der reellen Achse mit kleinen Ausbuchtungen an den Polstellen bis $+\infty$, am oberen Ufer der reellen Achse ebenso bis $\frac{1}{2}$, von dort weiter am rechten Ufer bis $\frac{1}{2} + i\infty$. „Am rechten Ufer" bedeutet dabei, daß der Integrand durch analytische Fortsetzung aus dem Bereich $\mathrm{Re}(t) > \frac{1}{2}$ gewonnen wird.

Die Rechtfertigung des Grenzübergangs $v \to 0_+$ erfordert spezielle Überlegungen. Zwar ist $(\Omega - \lambda(t))^{-1} f$ durch (3.17) für stetig differenzierbares f und $\mathrm{Re}(t) = \frac{1}{2}$ noch definiert, sowohl als Funktion, als auch mit einer wohldefinierten Fourier-Entwicklung, aber das Ergebnis liegt gewöhnlich nicht mehr im Hilbertraum. Wir müssen also, etwa für $0 < \mathrm{Im}(t_0) < \mathrm{Im}(t_1)$, $\mathrm{Re}(t_0) = \mathrm{Re}(t_1) = \frac{1}{2}$, die Differenz

$$\frac{-1}{2\pi i} \int_{t_0}^{t_1} (\Omega - \lambda(t))^{-1} f \quad (1 - 2t) \, dt - \frac{-1}{2\pi i} \int_{t_0 + \varepsilon}^{t_1 + \varepsilon} (\Omega - \lambda(t))^{-1} f \quad (1 - 2t) \, dt \tag{3.44}$$

im Hilbertraum-Sinn abschätzen und zeigen, daß ihre Norm für $\varepsilon \to 0$ beliebig klein wird. Da die Integranden analytisch von t abhängen, kann man hier den Cauchyschen Integralsatz anwenden und die Integrale

$$\frac{-1}{2\pi i} \int_{t_j}^{t_j+\varepsilon} (\Omega - \lambda(t))^{-1} f \qquad (1-2t)\,dt \qquad (j=1,2)$$

abschätzen. Wären die Integranden beschränkt, so wäre unsere Aufgabe einfach: dann wären diese Integrale durch Konstante ε beschränkt, ihre L^2-Norm durch Konstante ε^2, der Grenzwert wäre natürlich 0. Das eigentliche Problem stellen die dominierenden singulären Terme dar.

Es ist also zu zeigen, daß

$$\int_{t_j}^{t_j+\varepsilon} (-\zeta)^{s_1}(1-\zeta)^{t-s_1-s_2}(1-2t)\,dt \tag{3.45}$$

für $\varepsilon \to 0$ in der Hilbertraum-Norm gegen 0 geht. Dies wird im nächsten Paragraphen in einer für spätere Zwecke geeigneten, verschärften Form geleistet.

Für $\operatorname{Im}(t)<0$ und für die Verschiebung der Integration auf die reelle Achse, bei positivem Abstand von den Polstellen, genügen die gleichen Schlüsse. Da $(\Omega-\lambda(t))^{-1}f$ für $\operatorname{Re}(t)>\frac{1}{2}$ eine eindeutige meromorphe Funktion ist, gehen die Pole auf der reellen Achse als Residuen-Terme ein. In allen diesen Betrachtungen können wir die Terme der Form $(-\zeta)^{s_1}(1-\zeta)^{t-s_1-s_2}$ als kurze Schreibweise für ihre Fourier-Entwicklung auffassen, da uns jeweils die Hilbertraum-Elemente interessieren. Für $s_1+s_2>\frac{3}{2}$ haben nun die Fourier-Koeffizienten von $(-\zeta)^{s_1}(1-\zeta)^{t-s_1-s_2}$ bei $t=s_1+s_2-1>\frac{1}{2}$ einen Pol, damit auch die Resolvente, und es muß auch zum Eigenwert $(s_1+s_2-1)(2-s_1-s_2)$ eine quadratisch integrierbare Eigenfunktion vorhanden sein. Dabei liegt weder $f_1(\zeta,t)$, noch $f_2(\zeta,t)$, noch eine Linearkombination dieser Funktionen in H, da immer ein Term der Größenordnung $(1-\zeta)^{1-t-s_1-s_2}$ für $\zeta\to 1+i\cdot 0$ oder $\zeta\to 1-i\cdot 0$ übrigbleibt!

Wir nehmen nun also an, daß $s_1+s_2>\frac{3}{2}$ ist, und berechnen die Residuen der Fourier-Koeffizienten von $(\Omega-\lambda(t))^{-1}f$ an der Stelle $t=s_1+s_2-1$. Diese rühren allein von den dominierenden Termen her, die wir in Lemma 3.2 explizit bestimmt haben. Die Residuen der Fourier-Koeffizienten solcher Terme haben wir nach (3.39) angegeben, und es zeigt sich, daß das Residuum der Resolvante bei $t=s_1+s_2-1$ gegeben ist durch

$$\operatorname*{Res}_{t=s_1+s_2-1} (2t-1)(\Omega-\lambda(t))^{-1}f(\zeta)$$

$$=\frac{2s_1+2s_2-3}{2\pi i}\oint_1 \frac{f(\xi)(h_1(\xi,s_1+s_2-1)-h_2(\xi,s_1+s_2-1))}{W_h(\xi,s_1+s_2-1)\,a_0(\xi)}$$

$$\cdot d\xi \sum_{n=-\infty}^{\infty} \zeta^n. \tag{3.46}$$

(Wir haben hier die Variable ζ eingetragen, obgleich die Gleichung im Hilbertraum-Sinn zu verstehen ist. Diese bequeme Schreibweise werden wir auch im folgenden häufig verwenden.)

Die fragliche Eigenfunktion hat also lauter gleiche Fourier-Koeffizienten, es ist die δ-Funktion! Sie liegt in H, da im vorliegenden Fall, $s_1 + s_2 > \frac{3}{2}$, nach (1.9) gilt

$$\mu_n(s_1)\,\mu_{p-n}(s_2) = O(|n|^{2-2s_1-2s_2}), \qquad (3.47)$$

wir haben $2 - 2s_1 - 2s_2 < -1$, und $\sum\limits_{n=-\infty}^{\infty} \mu_n(s_1)\,\mu_{p-n}(s_2)$ konvergiert. Daß dieses Hilbertraum-Element Eigenfunktion ist, prüft man nach, indem man $(\Omega - (s_1 + s_2 - 1)(2 - s_1 - s_2))$ auf $\sum\limits_{n=-\infty}^{\infty} \zeta^n$ gliedweise anwendet. Wir wollen diese elementare Rechnung hier nicht vorführen.

Als nächstes berechnen wir die Residuen von $(2t-1)(\Omega - \lambda(t))^{-1} f$ an den Stellen $t = 1, 2, \ldots, |p|$. Sei also $p > 0$, $k = 1, 2, \ldots, p$. Dann haben $\Gamma_{1,2}(t)$, $\Gamma_{2,2}(t)$ und $\det(\Gamma_{i,j}(t))$ an der Stelle $t = k$ eine Nullstelle, nicht aber $\Gamma_{1,1}(t)$ und $\Gamma_{2,1}(t)$ (siehe (3.13), (3.15) und (3.16)). Somit sind dort h_1 und h_2 Vielfache von f_1, und wir haben nach Zusammenfassung der Linien-Integrale

$$\operatorname*{Res}_{t=k}\left((2t-1)(\Omega - \lambda(t))^{-1} f(\zeta)\right)$$

$$= \operatorname*{Res}_{t=k}\left(\frac{(2t-1)\,\Gamma_{1,1}(t)\,\Gamma_{2,1}(t)}{\det(\Gamma_{ij}(t))}\right) f_1(\zeta,k) \oint_1^1 \frac{f(\xi)\,f_1(\xi,k)}{W_f(\xi,k)\,a_0(\xi)}\,d\xi$$

$$= \frac{(2k-1)\,e^{-\pi i(s_1-s_2)}(-1)^{p-k}\,\Gamma(-s_1+s_2+p)\,\Gamma(k+s_1-s_2)}{2i\sin\pi(s_1-s_2)(p-k)!\,\Gamma(p+k)\,\Gamma(s_1-s_2-p)\,\Gamma(k-s_1+s_2)}$$

$$\cdot f_1(\zeta,k) \oint_1^1 \frac{f(\xi)\,f_1(\xi,k)}{W_f(\xi,k)\,a_0(\xi)}\,d\xi. \qquad (3.48)$$

Hier müßte $f_1(\zeta,k)$ in H liegen. Nun war $f_1(\zeta,t)$ invariant bei $t \to 1-t$, und wir haben

$$f_1(\zeta,k) = e^{\pi i s_1}(-\zeta)^{s_1}(1-\zeta)^{k-s_1-s_2}$$

$$\cdot F(k+s_1-s_2, k-p; 1+s_1-s_2-p; \zeta), \qquad (3.49)$$

und hierin degeneriert die hypergeometrische Funktion zu einem Polynom, so daß f_1 in H liegt.

Ebenso haben wir für $p < 0$

$$\operatorname*{Res}_{t=k}\left((2t-1)(\Omega - \lambda(t))^{-1} f(\zeta)\right)$$

$$= \frac{(2k-1)\,e^{\pi i(s_1-s_2)}(-1)^{p-k}\,\Gamma(s_1-s_2+|p|)\,\Gamma(k-s_1+s_2)}{2i\sin\pi(s_1-s_2)(|p|-k)!\,\Gamma(|p|+k)\,\Gamma(k+s_1-s_2)\,\Gamma(-s_1+s_2-|p|)}$$

$$\cdot f_2(\zeta,k) \oint_1^1 \frac{f(\xi)\,f_2(\xi,k)}{W_f(\xi,k)\,a_0(\xi)}\,d\xi. \qquad (3.50)$$

Ebenso wie vorher f_1 ist nun f_2 eine quadratisch integrierbare Eigenfunktion von Ω.

Mit (3.46), (3.48) und (3.50) sind nun alle Residuen der Resolvente für $\mathrm{Re}(t) > \frac{1}{2}$ berechnet, wobei das in (3.46) nur im Fall $s_1 + s_2 > \frac{3}{2}$ auftritt, das in (3.48) bei $p > 0$, das in (3.50) bei $p < 0$. In allen diesen Fällen wollen wir die Summe dieser Residuen mit $\sum\limits_{\mathrm{Res}}$ bezeichnen. Dann ergibt sich, wenn wir für $(\Omega - \lambda(t))^{-1} f$ den Ausdruck (3.17) eintragen,

$$
f(\zeta) = \sum_{\mathrm{Res}} + \frac{1}{2\pi i} \int_{\frac{1}{2}-i\infty}^{\frac{1}{2}+i\infty} \left\{ h_1(\zeta,t) \oint_\zeta^1 \frac{f(\xi)\,h_1(\xi,t)}{W_h(\xi,t)\,a_0(\xi)}\,d\xi \right.
$$
$$
\left. + h_2(\zeta,t) \oint_1^\zeta \frac{f(\xi)\,h_1(\xi,t)}{W_h(\xi,t)\,a_0(\xi)}\,d\xi \right\} (2t-1)\,dt. \tag{3.51}
$$

Die Integrale in (3.51) konvergieren, wenn man f_i statt h_i einträgt, und wir können mit Hilfe der Zusammenhangsformeln (3.12) und (3.14) zu dem Fundamentalsystem der f_i übergehen. Der Zweck dieser Umformung liegt darin, nach in $t - \frac{1}{2}$ geraden und ungeraden Bestandteilen zu trennen. So ergibt sich

$$
f(\zeta) = \sum_{\mathrm{Res}} + \frac{1}{2\pi i} \int_{\frac{1}{2}-i\infty}^{\frac{1}{2}+i\infty} \frac{2t-1}{\det(\Gamma_{i,j}(t))}
$$
$$
\cdot \left\{ \Gamma_{1,1}(t)\,\Gamma_{2,1}(t)\,f_1(\zeta,t) \left(\oint_\zeta^1 \frac{f(\xi)\,f_1(\xi,t)}{W_f(\xi,t)\,a_0(\xi)}\,d\xi \right. \right.
$$
$$
\left. + \oint_1^\zeta \frac{f(\xi)\,f_1(\xi,t)}{W_f(\xi,t)\,a_0(\xi)}\,d\xi \right)
$$
$$
+ \Gamma_{1,1}(t)\,\Gamma_{2,2}(t) \left(f_1(\zeta,t) \oint_\zeta^1 \frac{f(\xi)\,f_2(\xi,t)}{W_f(\xi,t)\,a_0(\xi)}\,d\xi \right.
$$
$$
\left. + f_2(\zeta,t) \oint_1^\zeta \frac{f(\xi)\,f_1(\xi,t)}{W_f(\xi,t)\,a_0(\xi)}\,d\xi \right)
$$
$$
+ \Gamma_{1,2}(t)\,\Gamma_{2,1}(t) \left(f_2(\zeta,t) \oint_\zeta^1 \frac{f(\xi)\,f_1(\xi,t)}{W_f(\xi,t)\,a_0(\xi)}\,d\xi \right.
$$
$$
\left. + f_1(\zeta,t) \oint_1^\zeta \frac{f(\xi)\,f_2(\xi,t)}{W_f(\xi,t)\,a_0(\xi)}\,d\xi \right)
$$
$$
+ \Gamma_{1,2}(t)\,\Gamma_{2,2}(t)\,f_2(\zeta,t) \left(\oint_\zeta^1 \frac{f(\xi)\,f_2(\xi,t)}{W_f(\xi,t)\,a_0(\xi)}\,d\xi \right.
$$
$$
\left. \left. + \oint_1^\zeta \frac{f(\xi)\,f_2(\xi,t)}{W_f(\xi,t)\,a_0(\xi)}\,d\xi \right) \right\} dt. \tag{3.52}
$$

Man muß also die folgenden vier Ausdrücke berechnen:

$$\frac{\Gamma_{1,1}(t)\,\Gamma_{2,1}(t)}{\det(\Gamma_{ij}(t))} = \frac{e^{-\pi i(s_1-s_2)}\,\Gamma(t-p)\,\Gamma(-s_1+s_2+p)\,\Gamma(t+s_1-s_2)}{2i\sin\pi(s_1-s_2)\,\Gamma(t+p)\,\Gamma(s_1-s_2-p)\,\Gamma(t-s_1+s_2)},$$

$$\frac{\Gamma_{1,1}(t)\,\Gamma_{2,2}(t)}{\det(\Gamma_{i,j}(t))} = \frac{e^{\pi i(s_1-s_2)}}{2i\sin\pi(s_1-s_2)},$$

$$\frac{\Gamma_{1,2}(t)\,\Gamma_{2,1}(t)}{\det(\Gamma_{i,j}(t))} = \frac{e^{-\pi i(s_1-s_2)}}{2i\sin\pi(s_1-s_2)}$$

und

$$\frac{\Gamma_{1,2}(t)\,\Gamma_{2,2}(t)}{\det(\Gamma_{i,j}(t))}$$

$$= \frac{e^{\pi i(s_1-s_2)}\,\Gamma(t+p)\,\Gamma(s_1-s_2-p)\,\Gamma(t-s_1+s_2)}{2i\sin\pi(s_1-s_2)\,\Gamma(t-p)\,\Gamma(-s_1+s_2+p)\,\Gamma(t+s_1-s_2)}. \tag{3.53}$$

Nun sieht man, daß die „gemischten" Terme, in denen f_1 und f_2 vorkommen, gerade Funktionen von $t-\tfrac{1}{2}$ sind. Da $2t-1=2(t-\tfrac{1}{2})$ ungerade ist, fallen diese Terme bei der Integration über t weg. In den anderen Termen können wir die ξ-Integrale zusammenfassen und erhalten

$$f(\zeta) = \sum_{\text{Res}} + \frac{1}{2\pi i}$$

$$\cdot \int_{\frac{1}{2}-i\infty}^{\frac{1}{2}+i\infty} \left\{ \frac{e^{-\pi i(s_1-s_2)}\,\Gamma(t-p)\,\Gamma(-s_1+s_2+p)\,\Gamma(t+s_1-s_2)}{2i\sin\pi(s_1-s_2)\,\Gamma(t+p)\,\Gamma(s_1-s_2-p)\,\Gamma(t-s_1+s_2)} \right.$$

$$\cdot f_1(\zeta,t) \oint_1^1 \frac{f(\xi)f_1(\xi,t)}{W_f(\xi,t)\,a_0(\xi)}\,d\xi$$

$$+ \frac{e^{\pi i(s_1-s_2)}\,\Gamma(t+p)\,\Gamma(s_1-s_2-p)\,\Gamma(t-s_1+s_2)}{2i\sin\pi(s_1-s_2)\,\Gamma(t-p)\,\Gamma(-s_1+s_2+p)\,\Gamma(t+s_1-s_2)}$$

$$\left. \cdot f_2(\zeta,t) \oint_1^1 \frac{f(\xi)f_2(\xi,t)}{W_f(\xi,t)\,a_0(\xi)}\,d\xi \right\} (2t-1)\,dt. \tag{3.54}$$

Nun transformieren wir den Teil des Integrals, der von $\tfrac{1}{2}-i\infty$ nach $\tfrac{1}{2}$ läuft, durch $t\to 1-t$, fassen zusammen und erhalten wegen $f_i(\zeta,t)=f_i(\zeta,1-t)$

$$f(\zeta) = \sum_{\text{Res}} + \frac{-1}{4\pi}$$

$$\cdot \int_{\frac{1}{2}}^{\frac{1}{2}+i\infty} \left\{ \frac{e^{-\pi i(s_1-s_2)}\,\Gamma(-s_1+s_2+p)}{\sin\pi(s_1-s_2)\,\Gamma(s_1-s_2-p)} \left(\frac{\Gamma(t-p)\,\Gamma(t+s_1-s_2)}{\Gamma(t+p)\,\Gamma(t-s_1+s_2)} \right. \right.$$

$$\left. - \frac{\Gamma(1-t-p)\,\Gamma(1-t+s_1-s_2)}{\Gamma(1-t+p)\,\Gamma(1-t-s_1+s_2)} \right) f_1(\zeta,t) \oint_1^1 \frac{f(\xi)f_1(\xi,t)}{W_f(\xi,t)\,a_0(\xi)}\,d\xi$$

$$+\frac{e^{\pi i(s_1-s_2)}\,\Gamma(s_1-s_2-p)}{\sin\pi(s_1-s_2)\,\Gamma(-s_1+s_2+p)}\left(\frac{\Gamma(t+p)\,\Gamma(t-s_1+s_2)}{\Gamma(t-p)\,\Gamma(t+s_1-s_2)}\right.$$

$$\left.-\frac{\Gamma(1-t+p)\,\Gamma(1-t-s_1+s_2)}{\Gamma(1-t-p)\,\Gamma(1-t+s_1-s_2)}\right)$$

$$\left.\cdot f_2(\zeta,t)\oint_1^1\frac{f(\xi)\,f_2(\xi,t)}{W_f(\xi,t)\,a_0(\xi)}\,d\xi\right\}(2t-1)\,dt. \tag{3.55}$$

Mit der Ergänzungsformel der Γ-Funktion und dem Additionstheorem des sin bestätigt man leicht die Formel

$$\frac{\Gamma(t-p)\,\Gamma(t+s_1-s_2)}{\Gamma(t+p)\,\Gamma(t-s_1+s_2)}-\frac{\Gamma(1-t-p)\,\Gamma(1-t+s_1-s_2)}{\Gamma(1-t+p)\,\Gamma(1-t-s_1+s_2)}$$

$$=\frac{2(-1)^{p+1}}{\pi^2}\sin\pi t\cos\pi t\sin\pi(s_1-s_2)\,\Gamma(t-p)\,\Gamma(1-t-p)$$

$$\cdot\Gamma(t+s_1-s_2)\,\Gamma(1-t+s_1-s_2). \tag{3.56}$$

Wir verwenden außerdem die Formel, die sich aus (3.56) ergibt, wenn man p durch $-p$ ersetzt und s_1 und s_2 vertauscht. Setzt man beides ein und transformiert auch die im Nenner verbliebenen Γ-Funktionen in den Zähler, so ergibt sich

$$f(\zeta)=\sum_{\mathrm{Res}}{}'+\frac{1}{2\pi^4}\int_{\frac{1}{2}}^{\frac{1}{2}+i\infty}(2t-1)\sin\pi t\cos\pi t\sin\pi(s_1-s_2)$$

$$\cdot\left\{e^{-\pi i(s_1-s_2)}\,\Gamma(1-s_1+s_2+p)\,\Gamma(-s_1+s_2+p)\right.$$

$$\cdot|\Gamma(t-p)|^2\,\Gamma(t+s_1-s_2)\,\Gamma(1-t+s_1-s_2)$$

$$\cdot f_1(\zeta,t)\oint_1^1\frac{f(\xi)\,f_1(\xi,t)}{W_f(\xi,t)\,a_0(\xi)}\,d\xi$$

$$+e^{\pi i(s_1-s_2)}\,\Gamma(1+s_1-s_2-p)\,\Gamma(s_1-s_2-p)$$

$$\cdot|\Gamma(t+p)|^2\,\Gamma(t-s_1+s_2)\,\Gamma(1-t-s_1+s_2)$$

$$\left.\cdot f_2(\zeta,t)\oint_1^1\frac{f(\xi)\,f_2(\xi,t)}{W_f(\xi,t)\,a_0(\xi)}\,d\xi\right\}dt. \tag{3.57}$$

Dies ist die versprochene vorläufige Spektralzerlegung. Wir fassen das Ergebnis zusammen als

Satz 3.1. *Ist f eine stetig differenzierbare Funktion auf der Peripherie des Einheitskreises, so ist ihre zu Ω gehörende Spektralzerlegung im Sinn der Hilbertraum-Konvergenz durch (3.57) gegeben. Dabei bedeutet $\sum_{\mathrm{Res}}$ die Summe*

der durch (3.48) *bzw.* (3.50) *und für* $s_1 + s_2 > \frac{3}{2}$ *durch* (3.46) *gegebenen Residuen.*

Es soll hier darauf aufmerksam gemacht werden, daß trotz der einfachen Form von (3.57) — f_1 und f_2 kommen nur in getrennten Summanden vor — die zu f_1 und f_2 gehörende Spektralmatrix keineswegs Diagonalform hat. Dies wird sich bei der Umrechnung in §5 ergeben.

§4. Berechnung einiger Grenzwerte

Bei dem Grenzübergang, mit dem wir in §3 die Integration ins Spektrum verschoben, hatten wir auf S. 37 eine Lücke in der Rechtfertigung gelassen, um den Gang der Rechnung nicht zu stark zu unterbrechen. Diese Lücke wollen wir jetzt schließen. Wir diskutieren die hierfür notwendigen Grenzübergänge so genau, wie wir dies später benötigen, insbesondere, wenn wir eine Probe für das Spektralmaß im kontinuierlichen Spektrum durch Renormierung der uneigentlichen Eigenvektoren vornehmen.

In diesem Paragraphen haben wir uns an einigen technischen Stellen kürzer gefaßt und statt der Rechnungen nur die Rechenschritte und Überlegungen genannt.

Wir erledigen zuerst einen grundlegenden, relativ einfachen Fall, und führen nachher die anderen Fälle darauf zurück.

Lemma 4.1. *Sei* $\operatorname{Re}(t_0) = \frac{1}{2}$, $\operatorname{Im}(t_0) \neq 0$ *und* $-\frac{\pi}{2} \leq \varphi \leq \frac{\pi}{2}$. *Dann ist*

$$l(\varphi) = \lim_{h \to 0} \frac{1}{2\pi h} \int_0^{2\pi} \left| \int_{t_0}^{t_0 + h e^{i\varphi}} x^{t-1}\, dt \right|^2 dx$$

$$= \frac{1}{\pi} (\cos\varphi \, \log(2\cos\varphi) + \varphi \sin\varphi) \tag{4.1}$$

Für $\varphi = \frac{\pi}{2}$ *ist* $l(\varphi) = \frac{1}{2}$.
Weiter ist

$$\lim_{h \to 0} \frac{1}{2\pi h} \int_0^{2\pi} \int_{t_0}^{t_0 + h e^{i\varphi}} x^{t-1}\, dt \; \overline{\int_{t_0}^{t_0 + h e^{i\varphi}} x^{-t}\, dt}\, dx = 0. \tag{4.2}$$

Die Integrale sollen hier jeweils entlang gerader Linien genommen werden.

Beweis. Wir beginnen mit dem Beweis von (4.1).
Hier haben wir

$$\int_{t_0}^{t_0 + h e^{i\varphi}} x^{t-1}\, dt = \frac{x^{t_0 - 1}}{\log(x)} (x^{h e^{i\varphi}} - 1) \tag{4.3}$$

und deshalb

$$\left|\int_{t_0}^{t_0+he^{i\varphi}} x^{t-1}\,dt\right|^2 = \frac{(x^{he^{i\varphi}}-1)(x^{he^{-i\varphi}}-1)}{x\log^2(x)}.$$ (4.4)

Damit ergibt sich

$$\lim_{h\to 0}\frac{1}{2\pi h}\int_0^{2\pi}\left|\int_{t_0}^{t_0+he^{i\varphi}} x^{t-1}\,dt\right|^2 dx$$

$$=\lim_{h\to 0}\frac{1}{2\pi h}\int_0^{2\pi}\frac{(x^{he^{i\varphi}}-1)(x^{he^{-i\varphi}}-1)}{\log^2(x)}\frac{dx}{x}.$$ (4.5)

Führt man hier $u=-h\log(x)$ als neue Integrationsvariable ein, so erhält man

$$l(\varphi)=\lim_{h\to 0}\frac{1}{2\pi}\int_{-h\log(2\pi)}^{\infty}\frac{|e^{-ue^{i\varphi}}-1|^2}{u^2}\,du.$$ (4.6)

Nun kann man den Grenzübergang $h\to 0$ ausführen. Das entstehende Integral kann mit Standard-Methoden ausgewertet werden, etwa, indem man einen zusätzlichen Faktor $e^{-\lambda u}$ einführt, zweimal nach λ differenziert, das so erhaltene Integral auswertet, zweimal nach λ integriert, die Integrationskonstanten durch $\lambda\to\infty$ bestimmt und nachher für $\lambda=0$ auswertet. Damit ist (4.1) bewiesen.

Für den Beweis von (4.2) führt man ganz dieselben Rechnungen und Substitutionen wie für (4.1) aus und erhält

$$\lim_{h\to 0}\frac{1}{2\pi h}\int_0^{2\pi}\int_{t_0}^{t_0+he^{i\varphi}} x^{t-1}\,dt\;\overline{\int_{t_0}^{t_0+he^{i\varphi}} x^{-t}\,dt}\,dx$$

$$=\lim_{h\to 0}\frac{-1}{\pi}\int_{-h\log(2\pi)}^{\infty}\frac{1-\cos(ue^{i\varphi})}{u^2}e^{\frac{2i\operatorname{Im}(t_0)}{h}u}\,du.$$ (4.7)

Dieser Grenzwert verschwindet nach dem Riemann-Lebesgueschen Lemma.

Damit ist Lemma 4.1 bewiesen.

Das folgende Lemma klärt den entsprechenden Sachverhalt, wenn das Skalarprodukt durch die Fourier-Entwicklung gegeben ist.

Lemma 4.2. *Sei* $\operatorname{Re}(t_0)=\frac{1}{2}$, $\operatorname{Im}(t_0)\neq 0$, $-\frac{\pi}{2}\leq\varphi\leq\frac{\pi}{2}$ *und* $k\in\mathbb{Z}$, $k>0$. *Dann ist*

$$l_1(\varphi)=\lim_{h\to 0}\frac{1}{h}\sum_{n=k}^{\infty}\left|\int_{t_0}^{t_0+he^{i\varphi}} n^{-t}\,dt\right|^2$$

$$=2(\cos\varphi\,\log(2\cos\varphi)+\varphi\,\sin\varphi).$$ (4.8)

Für $\varphi=\frac{\pi}{2}$ *ist* $l_1(\varphi)=\pi$.

Weiter ist

$$\lim_{h\to 0}\frac{1}{h}\sum_{n=k}^{\infty}\int_{t_0}^{t_0+he^{i\varphi}} n^{-t}\,dt\ \overline{\int_{t_0}^{t_0+he^{i\varphi}} n^{t-1}\,dt}=0. \tag{4.9}$$

Beweis. Es ist

$$\lim_{h\to 0}\frac{1}{h}\sum_{n=k}^{\infty}\left|\int_{t_0}^{t_0+he^{i\varphi}} n^{-t}\,dt\right|^2=\lim_{h\to 0}\frac{1}{h}\sum_{n=k}^{\infty}\frac{|n^{-he^{i\varphi}}-1|^2}{n\log^2(n)}. \tag{4.10}$$

Hier wollen wir die unendliche Summe durch das entsprechende Integral ersetzen. Es ist

$$\left|\int_{k}^{\infty}\frac{|x^{-he^{i\varphi}}-1|^2}{\log^2(x)}\frac{dx}{x}-\sum_{n=k}^{\infty}\frac{|n^{-he^{i\varphi}}-1|^2}{n\log^2(n)}\right|$$

$$\leqq\sum_{n=k}^{\infty}\left|\int_{n}^{n+1}\left(\frac{|x^{-he^{i\varphi}}-1|^2}{x\log^2(x)}-\frac{|n^{-he^{i\varphi}}-1|^2}{n\log^2(n)}\right)dx\right|. \tag{4.11}$$

Es ist zu zeigen, daß die rechte Seite von (4.11) von der Ordnung $o(h)$ ist.

Für $x<e^{1/h}$ zeigt die Reihenentwicklung der Exponentialfunktion, daß $|x^{-he^{i\varphi}}-1|<C_1 h\log(x)$ ist. Für $x\geqq e^{1/h}$ verwendet man die triviale Abschätzung $|x^{-he^{i\varphi}}-1|<2$. Für alle $x\geqq k$ ist

$$\left|\frac{d}{dx}(x^{-he^{i\varphi}}-1)\right|=h\,|x^{-he^{i\varphi}-1}|\leqq\frac{h}{x}.$$

Damit ergeben sich für $u(x)=|x^{-he^{i\varphi}}-1|^2$ für $x<e^{1/h}$ die Abschätzungen

$$|u(x)|<C_1^2 h^2\log^2(x),\qquad |u'(x)|<2C_1 h^2\frac{\log(x)}{x}.$$

Für $x\geqq e^{1/h}$ ergeben sich die Abschätzungen

$$|u(x)|\leqq 4,\qquad |u'(x)|\leqq 4\frac{h}{x}.$$

Wendet man nun auf den Integranden der rechten Seite von (4.11) den Mittelwertsatz an und beachtet, daß $|x-u|\leqq 1$ ist, so erhält man für den Integranden bei $x<e^{1/h}$ die Schranke $C_2 h^2\frac{1}{x^2}$, bei $x\geqq e^{1/h}$ die Schranke $2C_3\frac{1}{x^2}$, mit von h unabhängigen Konstanten C_2, C_3. Nun kann man die Integration durchführen und sieht, daß die rechte Seite von (4.11) von der Größenordnung $o(h)$ ist. Somit ist

$$\lim_{h\to 0}\frac{1}{h}\sum_{n=k}^{\infty}\frac{|n^{-he^{i\varphi}}-1|^2}{n\log^2(n)}=\lim_{h\to 0}\frac{1}{h}\int_{k}^{\infty}\frac{|x^{-he^{i\varphi}}-1|^2}{x\log^2(x)}\,dx. \tag{4.12}$$

Wieder führt die Substitution $u = h\log(x)$ im Grenzwert auf das Integral

$$\int_0^\infty \frac{|e^{-ue^{i\varphi}} - 1|^2}{u^2}\, du = 2(\cos\varphi\,\log(2\cos\varphi) + \varphi(\sin\varphi)). \qquad (4.13)$$

Damit ist (4.8) bewiesen.

Der Beweis von (4.9) verläuft ganz entsprechend und führt auf dasselbe Integral wie der von (4.2).

Damit ist Lemma 4.2 bewiesen.

Wir haben nun die fraglichen Grenzwerte für die dominierenden Terme ausgerechnet, müssen aber noch überlegen, daß verschiedene Störungen keine Rolle spielen.

Addiert man zu x^{t-1} eine Funktion $f(x,t)$, die gleichmäßig in t eine L^2-Funktion von x ist, so ändert sich offensichtlich nichts am Ergebnis: aus dem Integral über f kann nach Abschätzung ein Faktor h herausgezogen werden, und der Satz von der dominierten Konvergenz liefert das Ergebnis. Bei der Fourier-Entwicklung führt eine ganz entsprechende Überlegung zum Ziel.

Ein wenig komplizierter ist der Fall, wenn x^{t-1} mit einer nur von t abhängigen, analytischen Funktion multipliziert wird. Hierfür beweisen wir

Lemma 4.3. *Die Voraussetzungen seien dieselben wie in Lemma 4.1. Die Funktionen $\alpha(t)$ und $\beta(t)$ seien in einer Umgebung von t_0 analytisch. Dann ist*

$$\lim_{h\to 0}\frac{1}{2\pi h}\int_0^{2\pi}\int_{t_0}^{t_0+he^{i\varphi}} x^{t-1}\alpha(t)\,dt\;\overline{\int_{t_0}^{t_0+he^{i\varphi}} x^{t-1}\beta(t)\,dt}\,dx$$

$$=\alpha(t_0)\,\overline{\beta(t_0)}\,\frac{1}{\pi}(\cos\varphi\,\log(2\cos\varphi) - \varphi\sin\varphi). \qquad (4.14)$$

Ebenso ist

$$\lim_{h\to 0}\frac{1}{2\pi h}\int_0^{2\pi}\int_{t_0}^{t_0+he^{i\varphi}} x^{t-1}\alpha(t)\,dt\;\overline{\int_{t_0}^{t_0+he^{i\varphi}} x^{-t}\beta(t)\,dt}\,dx = 0. \qquad (4.15)$$

Zum Beweis von (4.14) überlegt man sich zunächst, daß es genügt, im äußeren Integral von 0 bis $\frac{1}{2}$ zu integrieren; natürlich ist

$$\lim_{h\to 0}\frac{1}{2\pi h}\int_{\frac{1}{2}}^{2\pi}\int_{t_0}^{t_0+he^{i\varphi}} x^{t-1}\alpha(t)\,dt\;\overline{\int_{t_0}^{t_0+he^{i\varphi}} x^{t-1}\beta(t)\,dt}\,dx = 0, \qquad (4.16)$$

da die inneren Integranden gleichmäßig beschränkt, die inneren Integrale $O(h)$, das gesamte Integral $O(h^2)$ ist. Diese Verkürzung des Integrationsintervalls hat nur den technischen Zweck, bei der nun folgenden partiellen

Integration einen Pol von $\dfrac{1}{\log(x)}$ bei $x=1$ zu vermeiden. Nun integriert man in den inneren Integralen partiell.

Es ist etwa

$$\int_{t_0}^{t_0+he^{i\varphi}} x^{t-1}\,\alpha(t)\,dt = \frac{x^{t-1}}{\log(x)}\,\alpha(t)\,\Big|_{t_0}^{t_0+he^{i\varphi}} - \int_{t_0}^{t_0+he^{i\varphi}} \frac{x^{t-1}}{\log(x)}\,\alpha'(t)\,dt. \qquad (4.17)$$

Trägt man dies ein und verwendet die Standard-Methoden, mit denen man die Stetigkeit eines Produkts stetiger Funktionen nachweist, so sieht man, daß der einzige Term, der im Grenzwert einen Beitrag liefert, der in Lemma 4.3 angegebene ist.

Auch diese Überlegung geht unverändert durch, wenn x^{t-1} durch $x^{t-1}+f(x,t)$ mit gleichmäßig quadratisch integrierbarem $f(x,t)$ ersetzt wird.

Für den Lemma 4.2 entsprechenden Fall, wo das Skalarprodukt durch die Fourier-Entwicklung gegeben ist, ergeben dieselben Überlegungen mit partieller Integration, daß es nur auf die dominierenden Terme ankommt.

Wir fassen die Ergebnisse zusammen in

Satz 4.1. *Sei* $\mathrm{Re}(t_0)=\tfrac{1}{2}$, $\mathrm{Im}(t_0)\neq 0$, $-\tfrac{\pi}{2}\leq\varphi\leq\tfrac{\pi}{2}$. *Sei* $f(x,t)$ *als Funktion von* x *quadratisch integrierbar, gleichmäßig in* t, *für* t *in einer Umgebung von* t_0. *Seien* $\alpha(t)$ *und* $\beta(t)$ *in einer Umgebung von* t_0 *analytisch. Dann ist*

$$\lim_{h\to 0}\frac{1}{2\pi h}\int_0^{2\pi}\int_{t_0}^{t_0+he^{i\varphi}}(x^{t-1}+f(x,t))\,\alpha(t)\,dt\;\overline{\int_{t_0}^{t_0+he^{i\varphi}}(x^{t-1}+f(x,t))\,\beta(t)\,dt}\;dx$$

$$=\alpha(t_0)\,\overline{\beta(t_0)}\,\frac{1}{\pi}\,(\cos\varphi\,\log(2\cos\varphi)+\varphi\sin\varphi). \qquad (4.18)$$

Der entsprechende Grenzwert, bei dem im zweiten inneren Integral x^{-t} *statt* x^{t-1} *steht, ist* 0.

Sei weiter $k\in\mathbb{Z}$, $k>0$, $\sum\limits_{n=k}^{\infty}|a_n(t)|^2<C$ *(unabhängig von* t*). Dann ist*

$$\lim_{h\to 0}\frac{1}{h}\sum_{n=k}^{\infty}\int_{t_0}^{t_0+he^{i\varphi}}(n^{-t}+a_n(t))\,\alpha(t)\,dt\;\overline{\int_{t_0}^{t_0+he^{i\varphi}}(n^{-t}+a_n(t))\,\beta(t)\,dt}$$

$$=2\alpha(t_0)\,\overline{\beta(t_0)}\,(\cos\varphi\,\log(2\cos\varphi)+\varphi\sin\varphi).$$

Der entsprechende Grenzwert mit n^{t-1} *statt* n^{-t} *im zweiten Integral ist* 0.

Die Lücke in §3 ist nun geschlossen.

§5. Umrechnung auf Spektralform

In Satz 3.1 haben wir für einen dichten Unterraum von H eine zu Ω gehörende Spektralzerlegung angegeben. Dabei wurde zwar eine beliebige stetig differenzierbare Funktion aus eigentlichen und uneigentlichen Eigenvektoren von Ω zusammengesetzt, aber die Projektionen auf die Eigenvektoren waren nicht durch das Skalarprodukt ausgedrückt. Diesen Mangel wollen wir jetzt beheben.

Dabei unterscheidet sich der Fall 1., in dem beide Ausgangsdarstellungen der Hauptserie angehören, ganz wesentlich von den Fällen 2. und 3., in denen die ergänzende Serie auftritt und das Skalarprodukt durch einen Faltungskern bzw. eine Gewichtsfunktion für die Fourier-Koeffizienten gegeben ist. Im ersten Fall gelingt die Umrechnung, indem man die Projektions-Integrale in (3.57) direkt dadurch umformt, daß man zu dem zu $\zeta = \infty$ gehörenden Fundamentalsystem der hypergeometrischen Funktion übergeht und beachtet, daß für $|\zeta| = 1$ gilt $\bar{\zeta} = \zeta^{-1}$. In den Fällen 2. und 3. führte dieser Weg nicht zum Ziel, da es nicht gelang, die Integration über den Skalarprodukt-Kern einzubauen. Statt dessen muß man hier zur Fourier-Entwicklung übergehen. Als Fourier-Koeffizienten treten dann $_3F_2$-Funktionen an der Stelle 1 auf. Wendet man die richtigen linearen Relationen zwischen diesen Funktionen an, so erhält man die gewünschte Transformation. Diese Methode könnte auch im Fall 1. angewandt werden, aber sie ist wesentlich komplizierter als die erste, und wir führen sie deshalb nur in den Fällen 2. und 3. durch.

Die normale Form einer Spektral-Entwicklung, die wir anstreben, ist in unserem Fall, wo die Eigenwerte einfach und das kontinuierliche Spektrum doppelt sind,

$$f(\zeta) = \sum_{k=1}^{|p|} \sigma_\iota(k) \langle f, f_\iota(\cdot, k) \rangle f(\zeta, k)$$

$$+ \sum_{\iota, \kappa = 1}^{2} \int_{\frac{1}{2}}^{\frac{1}{2} + i\infty} \sigma_{\iota, \kappa}(t) \langle f, f_\iota(\cdot, t) \rangle f_\kappa(\zeta, t)(1 - 2t)\, dt. \tag{5.1}$$

Dabei ist in der ersten Summe $\iota = 1$ für $p > 0$, $\iota = 2$ für $p < 0$. Als Spektralparameter haben wir t und k verwendet, wie in (3.57), mit $t(1 - t) = \lambda(t)$ und $k(1 - k) = \lambda(k)$. Für $\mathrm{Re}(s_1 + s_2) > \frac{3}{2}$ kommt noch ein Term im diskreten Spektrum bei $t = s_1 + s_2 - 1$ hinzu.

Wir beginnen mit dem Fall 1., $\mathrm{Re}(s_1) = \mathrm{Re}(s_2) = \frac{1}{2}$.

Hier ist

$$\langle f, f_\iota(\cdot, t) \rangle = \frac{1}{2\pi i} \int_{|\zeta| = 1} f(\zeta) \overline{f_\iota(\zeta, t)} \frac{d\zeta}{\zeta}. \tag{5.2}$$

Der Vergleich von (5.1) mit (3.57) zeigt, wenn man (5.2) beachtet, daß es unsere Aufgabe ist, $\dfrac{\zeta f_\iota(\zeta,t)}{\overline{W_f(\zeta,t)\,a_0(\zeta)}}$ als Linearkombination von $\overline{f_1(\zeta,t)}$ und $\overline{f_2(\zeta,t)}$ darzustellen.

Beachtet man nun $\bar{t}=1-t$, $\bar{s}_\iota=1-s_\iota$ $(\iota=1,2)$ und $f_\iota(\zeta,t)=f_\iota(\zeta,1-t)$, so haben wir

$$\overline{f_1(\zeta,t)}=e^{\pi i(s_1-1)}(\overline{-\zeta})^{1-s_1}(1-\overline{\zeta})^{-1-t+s_1+s_2}$$
$$\cdot F(1-t-s_1+s_2,\,1-t-p;\,1-s_1+s_2-p;\,\overline{\zeta}) \tag{5.3}$$

und

$$\overline{f_2(\zeta,t)}=e^{\pi i(s_2+p-1)}(-\overline{\zeta})^{1-s_2+p}(1-\overline{\zeta})^{-1-t+s_1+s_2}$$
$$\cdot F(1-t+s_1-s_2,\,1-t+p;\,1+s_1-s_2+p;\,\overline{\zeta}). \tag{5.3}$$

Andererseits ist nach einer Zusammenhangsformel für die hypergeometrische Funktion

$$\frac{\zeta f_1(\zeta,t)}{W_f(\zeta,t)\,a_0(\zeta)}=\frac{\zeta\,e^{-\pi i(s_2+p)}}{s_1-s_2-p}(-\zeta)^{-s_2-p}(1-\zeta)^{-1-t+s_1+s_2}$$
$$\cdot F(1-t+s_1-s_2,\,1-t-p;\,1+s_1-s_2-p;\,\zeta)$$
$$=\frac{\zeta\,e^{-\pi i(s_2+p)}}{s_1-s_2-p}(-\zeta)^{-s_2-p}(1-\zeta)^{-1-t+s_1+s_2}$$
$$\cdot\left\{\frac{\Gamma(1+s_1-s_2-p)\,\Gamma(-s_1+s_2-p)}{\Gamma(t-p)\,\Gamma(1-t-p)}(-\zeta)^{-1+t-s_1+s_2}\right.$$
$$\cdot F(1-t+s_1-s_2,\,1-t+p;\,1+s_1-s_2+p;\,\zeta^{-1})$$
$$+\frac{\Gamma(1+s_1-s_2-p)\,\Gamma(s_1-s_2+p)}{\Gamma(t+s_1-s_2)\,\Gamma(1-t+s_1-s_2)}(-\zeta)^{-1+t+p}$$
$$\left.\cdot F(1-t-s_1+s_2,\,1-t-p;\,1-s_1+s_2-p;\,\zeta^{-1})\right\}. \tag{5.4}$$

Hier erkennt man bereits, daß die gleichen hypergeometrischen Funktionen wie in (5.3) auftreten. Nun rechnet man alle ζ-Potenzen auf solche von ζ^{-1} um und beachtet $\overline{\zeta}=\zeta^{-1}$, dann erhält man schließlich

$$\frac{\zeta f_1(\zeta,t)}{W_f(\zeta,t)\,a_0(\zeta)}=e^{-\pi i(s_1+s_2+p)}\frac{\Gamma(s_1-s_2-p)\,\Gamma(s_1-s_2+p)}{\Gamma(t+s_1-s_2)\,\Gamma(1-t+s_1-s_2)}\overline{f_1(\zeta,t)}$$
$$+e^{-2\pi i s_2}\frac{\Gamma(s_1-s_2-p)\,\Gamma(-s_1+s_2-p)}{\Gamma(t-p)\,\Gamma(1-t-p)}\overline{f_2(\zeta,t)}. \tag{5.5}$$

Ebenso ist

$$\frac{\zeta f_2(\zeta,t)}{W_f(\zeta,t)\,a_0(\zeta)}$$

$$= -e^{-2\pi i s_1}\frac{\Gamma(-s_1+s_2+p)\,\Gamma(s_1-s_2+p)}{\Gamma(t+p)\,\Gamma(1-t+p)}\overline{f_1(\zeta,t)}$$

$$-e^{-\pi i(s_1+s_2+p)}\frac{\Gamma(-s_1+s_2+p)\,\Gamma(-s_1+s_2-p)}{\Gamma(t-s_1+s_2)\,\Gamma(1-t-s_1+s_2)}\overline{f_2(\zeta,t)}. \qquad (5.6)$$

Diese Formeln bleiben auch für $t=k=1,2,\dots,|p|$ richtig, aber für $p>0$ ist

dann $\dfrac{1}{\Gamma(t-p)}=\dfrac{1}{\Gamma(1-t-p)}=0,$ während   für $p<0$ ebenso $\dfrac{1}{\Gamma(t+p)}$

$=\dfrac{1}{\Gamma(1-t+p)}=0$ ist.

Trägt man all dies in (3.57) ein, beachtet (3.48) bzw. (3.50) und schreibt dann die verbleibenden inneren Integrale als Skalarprodukte, so erhält man das gewünschte Ergebnis.

Wir geben es als

Satz 5.1. *Sei* $\mathrm{Re}(s_1)=\mathrm{Re}(s_2)=\tfrac{1}{2}$. *Ist* f *eine stetig differenzierbare Funktion auf der Peripherie des Einheitskreises, so ist ihre zu* Ω *gehörende Spektralzerlegung im Sinn der Hilbertraum-Konvergenz gegeben durch*

$$f(\zeta)=\sum_{k=1}^{|p|}\frac{(1-2k)\,e^{-2\pi i s_1}\Gamma(s_1-s_2+|p|)\,\Gamma(-s_1+s_2+|p|)}{(|p|-k)!\,\Gamma(|p|+k)}$$

$$\cdot f_\iota(\zeta,k)\langle f,f_\iota(\cdot,k)\rangle$$

$$+\frac{(-1)^p}{-i\pi^2}\int_{\tfrac{1}{2}}^{\tfrac{1}{2}+i\infty}(1-2t)\sin\pi t\cos\pi t$$

$$\cdot\{e^{-\pi i(2s_1+p)}\Gamma(-s_1+s_2+p)\,\Gamma(s_1-s_2+p)\,\Gamma(t-p)$$

$$\cdot\Gamma(1-t-p)\langle f,f_1(\cdot,t)\rangle f_1(\zeta,t)$$

$$+e^{-\pi i(s_1+s_2)}\Gamma(-s_1+s_2+p)\,\Gamma(-s_1+s_2-p)\,\Gamma(t+s_1-s_2)$$

$$\cdot\Gamma(1-t+s_1-s_2)\langle f,f_2(\cdot,t)\rangle f_1(\zeta,t)$$

$$+e^{-\pi i(s_1+s_2)}\Gamma(s_1-s_2+p)\,\Gamma(s_1-s_2-p)\,\Gamma(t-s_1+s_2)$$

$$\cdot\Gamma(1-t-s_1+s_2)\langle f,f_1(\cdot,t)\rangle f_2(\zeta,t)$$

$$+e^{-\pi i(2s_2+p)}\Gamma(s_1-s_2-p)\,\Gamma(-s_1+s_2-p)\,\Gamma(t+p)$$

$$\cdot\Gamma(1-t+p)\langle f,f_2(\cdot,t)\rangle f_2(\zeta,t)\}\,dt. \qquad (5.7)$$

Dabei ist in der ersten Summe $\iota=1$ *für* $p>0$, $\iota=2$ *für* $p<0$. *Die Spektralmatrix ist hermitesch.*

Für $p=0$ vereinfacht sich die Formel weiter zu

$$f(\zeta)=\frac{1}{i}\int\limits_{\frac{1}{2}}^{\frac{1}{2}+i\infty}(1-2t)\cos\pi t$$

$$\cdot\left\{\frac{-e^{-2\pi is_1}}{(s_1-s_2)\sin\pi(s_1-s_2)}\langle f,f_1(\cdot,t)\rangle f_1(\zeta,t)\right.$$

$$+\frac{e^{-\pi i(s_1+s_2)}}{\pi^2}\Gamma^2(s_2-s_1)\Gamma(t+s_1-s_2)$$

$$\cdot\Gamma(1-t+s_1-s_2)\sin\pi t\langle f,f_2(\cdot,t)\rangle f_1(\zeta,t)$$

$$+\frac{e^{-\pi i(s_1+s_2)}}{\pi^2}\Gamma^2(s_1-s_2)\Gamma(t-s_1+s_2)$$

$$\cdot\Gamma(1-t-s_1+s_2)\sin\pi t\langle f,f_1(\cdot,t)\rangle f_2(\zeta,t)$$

$$\left.+\frac{-e^{-2\pi is_2}}{(s_1-s_2)\sin\pi(s_1-s_2)}\langle f,f_2(\cdot,t)\rangle f_2(\zeta,t)\right\}dt. \qquad (5.8)$$

Wir kommen nun zu den Fällen 2. und 3.

Hier ist das Skalarprodukt gegeben durch (s. (2.13), (2.15))

$$\langle f,f_\iota(\cdot,t)\rangle=\frac{1}{(2\pi i)^2}\int\limits_{|\zeta|=1}\int\limits_{|\xi|=1}f(\zeta)K\left(\frac{\zeta}{\xi}\right)\overline{f_\iota(\xi,t)}\frac{d\zeta}{\zeta}\frac{d\xi}{\xi} \qquad (5.9)$$

mit einem von s_1 und im Fall 3. auch von s_2 und p abhängigen Kern K.

Wir müßten nun $\dfrac{\zeta f_1(\zeta,t)}{W_f(\zeta,t)\,a_0(\zeta)}$ als Linearkombination von

$\dfrac{1}{2\pi i}\int\limits_{|\xi|=1}K\left(\dfrac{\zeta}{\xi}\right)\overline{f_\kappa(\xi,t)}\dfrac{d\xi}{\xi}$, $\kappa=1,2$, darstellen, und der direkten Auswer-

tung dieser Integrale stehen Schwierigkeiten entgegen. Statt dessen wollen wir die beiden Ausdrücke bezüglich ζ in Fourier-Reihe entwickeln und die Koeffizienten vergleichen. Dabei nützen wir aus, daß das Integral eine Faltung ist, und daß wir die Fourier-Entwicklung von K bereits kennen (s. (1.8)).

Wir müssen also die Fourier-Entwicklungen von $\dfrac{\zeta f_1(\zeta,t)}{W_f(\zeta,t)\,a_0(\zeta)}$ und von

$\overline{f_\iota(\zeta,t)}$ berechnen ($\iota=1,2$). Alle bei dieser Berechnung vorkommenden In-tegrale sind von der Form

$$J=\int\limits_{|\zeta|=1}(-\zeta)^\alpha(1-\zeta)^{\beta-1}F(a,b;c;\zeta)\,\zeta^{-m}\frac{d\zeta}{\zeta}, \qquad (5.10)$$

und wir wollen dieses Integral allgemein auswerten, wobei wir $\alpha\notin\mathbb{Z}$ voraussetzen können. Weiter ist in unseren Fällen immer $\mathrm{Re}(c-a-b)\geqq 0$, so daß die hypergeometrische Funktion bei $\zeta=1$ beschränkt ist. Auch nehmen wir $\mathrm{Re}(\beta)>0$ an, obgleich dies im Fall 3. nicht immer gegeben sein wird. Dort müssen wir die kritische Identität für die Fourier-Koeffizienten durch analytische Fortsetzung beweisen.

Wir schreiten zur Berechnung von J.

Zuerst deformieren wir den Integrationsweg so, daß er bis auf den Anfangs- und Endpunkt $\zeta=1$ im Inneren des Einheitskreises liegt. Dann tragen wir die Reihen-Entwicklung der hypergeometrischen Funktion ein und integrieren gliedweise, was durch absolute Konvergenz gerechtfertigt ist. So erhalten wir

$$J=\sum_{n=0}^{\infty}\frac{(a)_n(b)_n}{n!\,(c)_n}\int_{\mathbb{C}}(-\zeta)^{\alpha}(1-\zeta)^{\beta-1}\,\zeta^{n-m-1}\,d\zeta.\tag{5.11}$$

Dabei ist wie üblich $(a)_n=\dfrac{\Gamma(a+n)}{\Gamma(a)}$ gesetzt.

Diese Linienintegrale sind nun aber bekannte Beta-Integrale, ihr Wert ist gegeben durch

$$\int_{\mathbb{C}}(-\zeta)^{\alpha}(1-\zeta)^{\beta-1}\,\zeta^{n-m-1}\,d\zeta=2i\sin\pi\alpha\,B(\alpha+n-m,\beta).\tag{5.12}$$

Für $\mathrm{Re}(\alpha+n-m)>0$ sieht man dies durch Straffung des Integrationsweges auf das zweimal durchlaufene Einheitsintervall, für die anderen Werte von m durch analytische Fortsetzung bezüglich α. Damit wird

$$J-2i\sin\pi\alpha\,B(\alpha-m,\beta)\sum_{n=0}^{\infty}\frac{(a)_n(b)_n(\alpha-m)_n}{(c)_n(\alpha+\beta-m)_n\,n!}$$

$$=2i\sin\pi\alpha\,B(\alpha-m,\beta)\,{}_3F_2\begin{bmatrix}a,b,\alpha-m;\\ c,\alpha+\beta-m\end{bmatrix}\tag{5.13}$$

in der Notation von Bailey [1] für die Werte der verallgemeinerten hypergeometrischen Funktion an der Stelle 1. Dies wenden wir nun an, um die Fourier-Entwicklungen von $f_i(\zeta,t)$ und $\dfrac{\zeta f_i(\zeta,t)}{W_f(\zeta,t)\,a_0(\zeta)}$ zu berechnen.

Die Funktion $f_1(\zeta,t)$ ist durch (3.8) gegeben, und ihr m-ter Fourier-Koeffizient lautet für $\mathrm{Re}(s_1+s_2)<\frac{3}{2}$

$$a_{1,m}=e^{\pi i s_1}\frac{1}{2\pi i}\oint_{1}^{1}(-\zeta)^{s_1}(1-\zeta)^{1-t-s_1-s_2}$$

$$\cdot F(1-t+s_1-s_2,1-t-p;1+s_1-s_2-p;\zeta)\,\zeta^{-m}\frac{d\zeta}{\zeta}$$

$$=\frac{e^{\pi i s_1}\sin\pi s_1}{\pi}B(s_1-m,2-t-s_1-s_2)$$

$$\cdot\,{}_3F_2\begin{bmatrix}1-t+s_1-s_2,1-t-p,s_1-m;\\ 1+s_1-s_2-p,2-t-s_2-m\end{bmatrix}.\tag{5.14}$$

Ebenso ist $f_2(\zeta,t)$ durch (3.9) gegeben, und der m-te Fourier-Koeffizient lautet für $\mathrm{Re}(s_1+s_2)<\frac{3}{2}$

$$a_{2,m}=\frac{e^{\pi i s_2}\sin\pi s_2}{\pi}B(s_2+p-m,2-t-s_1-s_2)$$

$$\cdot {}_3F_2\left[\begin{matrix}1-t-s_1+s_2,\,1-t+p,\,s_2+p-m;\\1-s_1+s_2+p,\,2-t-s_1+p-m\end{matrix}\right].\qquad(5.15)$$

Für $\mathrm{Re}(s_1+s_2)\geqq\frac{3}{2}$ sind die Koeffizienten die analytische Fortsetzung dieser Koeffizienten, aber die ${}_3F_2$-Reihen konvergieren dann nicht mehr.
Weiter haben wir

$$\frac{\zeta f_1(\zeta,t)}{W_f(\zeta,t)a_0(\zeta)}=\frac{\zeta e^{-\pi i(s_2+p)}}{s_1-s_2-p}(-\zeta)^{-s_2-p}(1-\zeta)^{-1-t+s_1+s_2}$$

$$\cdot F(1-t+s_1-s_2,\,1-t-p;\,1+s_1-s_2-p;\,\zeta),\qquad(5.4)$$

und der m-te Fourier-Koeffizient hiervon ist

$$b_{1,m}=\frac{e^{-\pi i(s_2+p)}}{s_1-s_2-p}\frac{1}{2\pi i}\oint_1^1(-\zeta)^{-s_2-p}(1-\zeta)^{-1-t+s_1+s_2}$$

$$\cdot F(1-t+s_1-s_2,\,1-t-p;\,1+s_1-s_2-p;\,\zeta)\,\zeta^{1-m}\frac{d\zeta}{\zeta}$$

$$=\frac{-e^{-\pi i s_2}\sin\pi s_2}{(s_1-s_2-p)\pi}B(1-s_2-p-m,\,-t+s_1+s_2)$$

$$\cdot {}_3F_2\left[\begin{matrix}1-t+s_1-s_2,\,1-t-p,\,1-s_2-p-m;\\1+s_1-s_2-p,\,1-t+s_1-p-m\end{matrix}\right].\qquad(5.16)$$

Ebenso ist

$$\frac{\zeta f_2(\zeta,t)}{W_f(\zeta,t)a_0(\zeta)}=\frac{\zeta e^{-\pi i s_1}}{s_1-s_2-p}(-\zeta)^{-s_1}(1-\zeta)^{-1-t+s_1+s_2}$$

$$\cdot F(1-t-s_1+s_2,\,1-t+p;\,1-s_1+s_2+p;\,\zeta),$$

und der m-te Fourier-Koeffizient ist

$$b_{2,m}=\frac{-e^{-\pi i s_1}\sin\pi s_1}{(s_1-s_2-p)\pi}B(1-s_1-m,\,-t+s_1+s_2)$$

$$\cdot {}_3F_2\left[\begin{matrix}1-t-s_1+s_2,\,1-t+p,\,1-s_1-m;\\1-s_1+s_2+p,\,1-t+s_2-m\end{matrix}\right].\qquad(5.17)$$

Der m-te Fourier-Koeffizient von $\overline{f_i(\zeta,t)}$ ist $\overline{\alpha_{i,\,-m}}$; für unsere Umrechnung müssen wir $b_{1,m}$ und $b_{2,m}$ als Linearkombination von $\overline{a_{1,\,-m}}$ und $\overline{a_{2,\,-m}}$ darstellen. Da die Formeln für $\overline{a_{i,\,-m}}$ in den Fällen 2. und 3. verschieden sind, müssen wir diese Fälle jetzt getrennt behandeln.

Wir setzen also zunächst $\tfrac{1}{2}<s_1<1$ und $\operatorname{Re}(s_2)=\tfrac{1}{2}$ voraus. Dann ist

$$
\overline{a_{1,\,-m}}=\frac{e^{-\pi i s_1}\sin\pi s_1}{\pi}\,B(s_1+m,\,t-s_1+s_2)
$$
$$
\cdot\,{}_3F_2\left[\begin{array}{c}t+s_1+s_2-1,\,t-p,\,s_1+m;\\ s_1+s_2-p,\,t+s_2+m\end{array}\right]
\tag{5.18}
$$

und

$$
\overline{a_{2,\,-m}}=\frac{-e^{\pi i s_2}\sin\pi s_2}{\pi}\,B(1-s_2+p+m,\,t-s_1+s_2)
$$
$$
\cdot\,{}_3F_2\left[\begin{array}{c}1+t-s_1-s_2,\,t+p,\,1-s_2+p+m;\\ 2-s_1-s_2+p,\,1+t-s_1+p+m\end{array}\right].
\tag{5.19}
$$

Wie man sieht, benötigt man hier lineare Relationen zwischen jeweils drei ${}_3F_2$-Werten. Solche Relationen finden sich in BAILEY [1], S. 13ff. Sie sind dort in einer speziellen Notation gegeben, die gewisse Symmetrien zwischen den Parametern der eingehenden ${}_3F_2$-Funktionen in Evidenz setzt und ermöglicht, eine große Zahl solcher Relationen in kompakter Form anzugeben. Rechnet man unsere Parameter in jene Form um, so ergibt sich, daß man die folgenden beiden Relationen verwenden kann:

$$
\frac{\sin\pi(s+b)\,{}_3F_2\left[\begin{array}{c}a,\,b,\,c;\\ e,f\end{array}\right]}{\pi\,\Gamma(s)\,\Gamma(e)\,\Gamma(f)\,\Gamma(1+b-f)\,\Gamma(1-a)\,\Gamma(1+b-e)\,\Gamma(1-c)}
$$
$$
=\frac{\sin\pi(e-c)\sin\pi b\,\sin\pi(e-a)+\sin\pi(f-b)\sin\pi e\,\sin\pi(s+b)}{\pi^3\,\Gamma(1+b-e)\,\Gamma(s+b)\,\Gamma(1-a-c+e)}
$$
$$
\cdot\,{}_3F_2\left[\begin{array}{c}s,\,e-c,\,e-a;\\ s+b,\,1-a-c+e\end{array}\right]
$$
$$
-\frac{{}_3F_2\left[\begin{array}{c}1+c-f,\,1-b,\,1+a-f;\\ 2-s-b,\,2-f\end{array}\right]}{\Gamma(1+b-e)\,\Gamma(2-s-b)\,\Gamma(2-f)\,\Gamma(e-a)\,\Gamma(b)\,\Gamma(e-c)\,\Gamma(s)\,\Gamma(f-a)\,\Gamma(f-c)},
\tag{5.20}
$$

wobei $s = e + f - a - b - c$ gesetzt ist, und

$$\frac{\sin \pi (1 - b - c + f) \, {}_3F_2 \left[\begin{matrix} a, b, c; \\ e, f \end{matrix} \right]}{\pi \Gamma(1 + a - f) \Gamma(s) \Gamma(e) \Gamma(f)}$$

$$= \frac{{}_3F_2 \left[\begin{matrix} s, 1 - b, 1 - c; \\ 1 - b - c + f, 1 - b - c + e \end{matrix} \right]}{\Gamma(e - a) \Gamma(b) \Gamma(c) \Gamma(a) \Gamma(1 - b - c + f) \Gamma(1 - b - c + e)}$$

$$- \frac{{}_3F_2 \left[\begin{matrix} e - a, 1 + c - f, 1 + b - f; \\ 1 + b + c - f, 1 + e - f \end{matrix} \right]}{\Gamma(a) \Gamma(1 + b + c - f) \Gamma(1 + e - f) \Gamma(s) \Gamma(f - c) \Gamma(f - b)}. \qquad (5.21)$$

Setzt man in (5.20) die Parameter der in $b_{1,m}$ auftretenden ${}_3F_2$-Funktion ein, so erhält man eine Formel, die

$$_3F_2 \left[\begin{matrix} 1 - t + s_1 - s_2, 1 - t - p, 1 - s_2 - p - m; \\ 1 + s_1 - s_2 - p, 1 - t + s_1 - p - m \end{matrix} \right]$$

mit

$$_3F_2 \left[\begin{matrix} t + s_1 + s_2 - 1, t - p, s_1 + m; \\ s_1 + s_2 - p, t + s_2 + m \end{matrix} \right]$$

und

$$_3F_2 \left[\begin{matrix} t - s_1 - s_2 + 1, t + p, 1 - s_2 + p + m; \\ 2 - s_1 - s_2 + p, t - s_1 + p + m + 1 \end{matrix} \right]$$

verbindet. Diese Formel setzt man in (5.16) ein. Dann ergibt sich nach einer längeren Rechnung, in die jedoch neben (5.18) und (5.19) nur die Ergänzungsformel der Γ-Funktion und die Additionstheoreme der Winkelfunktionen hineingesteckt werden müssen,

$$b_{1,m} = \frac{- e^{\pi i (s_1 - s_2)}}{\pi \sin \pi (s_1 + s_2)}$$

$$\cdot \frac{\Gamma(-t + s_1 + s_2) \Gamma(t + s_1 + s_2 - 1) \Gamma(s_1 - s_2 - p) \Gamma(1 - s_1)}{\Gamma(s_1) \Gamma(s_1 + s_2 - p)}$$

$$\cdot (\sin^2 \pi t - \sin^2 \pi s_1 + \sin^2 \pi s_2) \, \mu_m(s_1) \overline{a_{1, -m}}$$

$$+ \frac{(-1)^p \, e^{-2\pi i s_2}}{\sin \pi (s_1 + s_2)}$$

$$\cdot \frac{\Gamma(1 - s_1) \Gamma(s_1 - s_2 - p)}{\Gamma(s_1) \Gamma(2 - s_1 - s_2 + p) \Gamma(t - p) \Gamma(1 - t - p)} \mu_m(s_1) \overline{a_{2, -m}}, \qquad (5.22)$$

und hieraus folgt nach dem vorher Bemerkten

$$\frac{1}{2\pi i}\oint_{1}^{1}\frac{f(\zeta)\,\zeta f_{1}(\zeta,t)}{W_{f}(\zeta,t)\,a_{0}(\zeta)}\,\frac{d\zeta}{\zeta}$$

$$=\frac{\Gamma(1-s_{1})\,\Gamma(s_{1}-s_{2}-p)}{\Gamma(s_{1})\sin\pi(s_{1}+s_{2})}$$

$$\cdot\left\{\frac{-e^{\pi i(s_{1}-s_{2})}\Gamma(-t+s_{1}+s_{2})\,\Gamma(t+s_{1}+s_{2}-1)}{\pi\Gamma(s_{1}+s_{2}-p)}\right.$$

$$\cdot(\sin^{2}\pi t-\sin^{2}\pi s_{1}+\sin^{2}\pi s_{2})\langle f,f_{1}(\cdot,t)\rangle$$

$$\left.+\frac{(-1)^{p}\pi e^{-2\pi i s_{2}}}{\Gamma(2-s_{1}-s_{2}+p)\,\Gamma(t-p)\,\Gamma(1-t-p)}\langle f,f_{2}(\cdot,t)\rangle\right\}. \tag{5.23}$$

Für $b_{2,m}$ verläuft die Rechnung mit (5.21) statt (5.20) ganz entsprechend. Wir erhalten hier

$$b_{2,m}=$$

$$\frac{\Gamma(1-s_{1})\,\Gamma(1-s_{1}-s_{2}+p)\,\Gamma(-s_{1}+s_{2}+p)\,\Gamma(-t+s_{1}+s_{2})\,\Gamma(t+s_{1}+s_{2}-1)}{\Gamma(s_{1})\,\Gamma(t+p)\,\Gamma(1-t+p)\,\Gamma(t-s_{1}+s_{2})\,\Gamma(1-t-s_{1}+s_{2})}\mu_{m}(s_{1})\,\overline{a_{1,-m}}$$

$$-\frac{(-1)^{p}\,e^{-\pi i(s_{1}+s_{2})}\Gamma(1-s_{1})\,\Gamma(s_{1}+s_{2}-p-1)\,\Gamma(-s_{1}+s_{2}+p)}{\Gamma(s_{1})\,\Gamma(t-s_{1}+s_{2})\,\Gamma(1-t-s_{1}+s_{2})}\mu_{m}(s_{1})\,\overline{a_{2,-m}}, \tag{5.24}$$

und hieraus folgt

$$\frac{1}{2\pi i}\oint_{1}^{1}\frac{f(\zeta)\,\zeta f_{2}(\zeta,t)}{W_{f}(\zeta,t)\,a_{0}(\zeta)}\,\frac{d\zeta}{\zeta}$$

$$=\frac{\Gamma(1-s_{1})\,\Gamma(-s_{1}+s_{2}+p)}{\Gamma(s_{1})\,\Gamma(t-s_{1}+s_{2})\,\Gamma(1-t-s_{1}+s_{2})}$$

$$\cdot\left\{\frac{\Gamma(1-s_{1}-s_{2}+p)\,\Gamma(-t+s_{1}+s_{2})\,\Gamma(t+s_{1}+s_{2}-1)}{\Gamma(t+p)\,\Gamma(1-t+p)}\langle f,f_{1}(\cdot,t)\rangle\right.$$

$$\left.+(-1)^{p+1}\,e^{-\pi i(s_{1}+s_{2})}\Gamma(s_{1}+s_{2}-p-1)\langle f,f_{2}(\cdot,t)\rangle\right\}. \tag{5.25}$$

Für $p>0$, $t=k=1,2,\ldots,p$ bleibt die Formel (5.23) richtig, für $p<0$, $t=k=1,2,\ldots,-p$ die Formel (5.25), wobei jeweils ein Summand wegen der Nullstellen von $\dfrac{1}{\Gamma(t-|p|)}$ und $\dfrac{1}{\Gamma(1-t-|p|)}$ wegfällt.

Trägt man alle diese Formeln in (3.57) ein, so ergibt sich nach kleineren Umrechnungen das Ergebnis. Wir formulieren es als

Satz 5.2. *Sei $\tfrac{1}{2}<s_{1}<1$ und $\mathrm{Re}(s_{2})=\tfrac{1}{2}$. Ist f eine stetig differenzierbare Funktion auf der Peripherie U des Einheitskreises, so ist ihre zu Ω*

gehörende Spektralzerlegung im Sinn der Hilbertraum-Konvergenz gegeben durch

$$f(\zeta) = \sum_{\text{Res}} + \frac{\Gamma(1-s_1)}{i\pi^2\Gamma(s_1)} \int_{\frac{1}{2}}^{\frac{1}{2}+i\infty} (2t-1)\sin\pi t\cos\pi t$$

$$\cdot \left\{ \frac{1}{\pi^2} |\Gamma(1-s_1-s_2+p)\Gamma(t-p)\Gamma(t+s_1-s_2)\Gamma(1-t+s_1-s_2)|^2 \right.$$

$$\cdot (\sin^2\pi t - \sin^2\pi s_1 + \sin^2\pi s_2)\langle f, f_1(\cdot,t)\rangle f_1(\zeta,t)$$

$$+ (-1)^{p+1} e^{-\pi i(s_1+s_2)}\Gamma(s_1+s_2-p-1)\Gamma(-s_1+s_2+p)$$

$$\cdot \Gamma(t+s_1-s_2)\Gamma(1-t+s_1-s_2)\langle f, f_2(\cdot,t)\rangle f_1(\zeta,t)$$

$$+ (-1)^p e^{\pi i(s_1-s_2)}\Gamma(s_1-s_2-p)\Gamma(1-s_1-s_2+p)$$

$$\cdot \Gamma(-t+s_1+s_2)\Gamma(t+s_1+s_2-1)\langle f, f_1(\cdot,t)\rangle f_2(\zeta,t)$$

$$\left. + e^{-\pi i(2s_2-1)}|\Gamma(s_1-s_2-p)\Gamma(t+p)|^2\langle f, f_2(\cdot,t)\rangle f_2(\zeta,t) \right\} dt. \qquad (5.26)$$

Dabei ist $\sum\limits_{\text{Res}}$ *für* $p>0$ *gegeben durch*

$$\sum_{\text{Res}} = \sum_{k=1}^{p} \frac{\Gamma(1-s_1)(2k-1)(-\sin^2\pi s_1 + \sin^2\pi s_2)}{\pi^2\Gamma(s_1)(p-k)!\,\Gamma(p+k)}$$

$$\cdot |\Gamma(1-s_1-s_2+p)\Gamma(1-k+s_1-s_2)|^2$$

$$\cdot |\Gamma(k+s_1-s_2)|^2\langle f, f_1(\cdot,k)\rangle f_1(\zeta,k) \qquad (5.27)$$

und für $p<0$ *durch*

$$\sum_{\text{Res}} = \sum_{k=1}^{-p} \frac{\Gamma(1-s_1)(2k-1)\,e^{\pi i(1-2s_2)}}{\pi\Gamma(s_1)(|p|-k)!\,\Gamma(|p|+k)}$$

$$\cdot |\Gamma(s_1-s_2+|p|)|^2\langle f, f_2(\cdot,k)\rangle f_2(\zeta,k). \qquad (5.28)$$

Die Spektralmatrix in (5.26) *ist ersichtlich hermitesch.*

Im Fall 3., $\frac{1}{2}<s_1,\ s_2<1$, verläuft die Rechnung ähnlich. Wir rechnen zunächst für $s_1+s_2<\frac{3}{2}$, da sonst die Integrale für die Fourier-Koeffizienten und die $_3F_2$-Reihen nicht mehr konvergieren.

In diesem Fall ist

$$\overline{a_{1,-m}} = \frac{e^{-\pi i s_1}\sin\pi s_1}{\pi} B(s_1+m, t+1-s_1-s_2)$$

$$\cdot {}_3F_2\left[\begin{array}{c} t+s_1-s_2,\, t-p,\, s_1+m; \\ 1+s_1-s_2-p,\, 1+t-s_2+m \end{array}\right] \qquad (5.29)$$

und

$$\overline{a_{2,-m}}=\frac{e^{-\pi i s_2}\sin\pi s_2}{\pi}\,B(s_2+p+m,\,t+1-s_1-s_2)$$

$$\cdot\,_3F_2\left[\begin{array}{c}t-s_1+s_2,\,t+p,\,s_2+p+m;\\ 1-s_1+s_2+p,\,1+t-s_1+p+m\end{array}\right].\tag{5.30}$$

Wieder muß man die Koeffizienten in (5.16), (5.17), (5.29) und (5.30) auf die Notation von Bailey umrechnen. Man erkennt dann, daß für $b_{1,m}$ und $b_{2,m}$ dieselbe Formel verwendet werden kann, nämlich

$$\frac{\sin\pi e\;_3F_2\left[\begin{array}{c}a,b,c;\\ e,f\end{array}\right]}{\pi\Gamma(s)\Gamma(e)\Gamma(f)\Gamma(1-s)\Gamma(1+c-f)\Gamma(1+b-f)\Gamma(1+a-f)}$$

$$=\frac{1}{\pi^2}\frac{\sin\pi a\sin\pi b\sin\pi c+\sin\pi s\sin\pi e\sin\pi f}{\Gamma(1-s)\Gamma(e)\Gamma(1+e-f)}\;_3F_2\left[\begin{array}{c}e-a,e-b,e-c;\\ e,1+e-f\end{array}\right]$$

$$-\frac{_3F_2\left[\begin{array}{c}1-a,1-b,1-c;\\ 2-e,2-f\end{array}\right]}{\Gamma(1-s)\Gamma(2-e)\Gamma(2-f)\Gamma(c)\Gamma(b)\Gamma(a)\Gamma(e-b)\Gamma(e-a)\Gamma(e-c)}.\tag{5.31}$$

In diese Formel muß man nacheinander zuerst die Koeffizienten der $_3F_2$-Funktion in (5.16), dann von der in (5.17) eintragen. Dann ergibt sich aus (5.16), (5.29) und (5.30)

$$b_{1,m}=\frac{\Gamma(1-s_1)\Gamma(1-s_2)}{\Gamma(s_1)\Gamma(s_2)}\,\mu_m(s_1)\,\mu_{p+m}(s_2)\,\Gamma(t+s_1+s_2-1)\,\Gamma(-t+s_1+s_2)$$

$$\cdot\left(\frac{e^{\pi i(s_1-s_2)}(\sin^2\pi t-\sin^2\pi s_1+\sin^2\pi s_2)}{\pi\sin\pi(s_1-s_2)(s_1-s_2-p)}\,\overline{a_{1,-m}}\right.$$

$$\left.+\frac{(-1)^p\,\pi\,\Gamma(s_1-s_2-p)\,\overline{a_{2,-m}}}{\sin\pi(s_1-s_2)\Gamma(1-s_1+s_2+p)\Gamma(t+s_1-s_2)\Gamma(1-t+s_1-s_2)\Gamma(t-p)\Gamma(1-t-p)}\right)\tag{5.32}$$

Hieraus folgt, wenn man beachtet, daß das Skalarprodukt durch (2.11) gegeben ist,

$$\frac{1}{2\pi i}\oint_{|\zeta|=1}\frac{f(\zeta)\,\zeta f_1(\zeta,t)}{W_f(\zeta,t)a_0(\zeta)}\,\frac{d\zeta}{\zeta}$$

$$=\frac{\Gamma(1-s_1)\Gamma(1-s_2)}{\Gamma(s_1)\Gamma(s_2)\sin\pi(s_1-s_2)}\,\Gamma(t+s_1+s_2-1)\,\Gamma(-t+s_1+s_2)$$

$$\cdot\left(\frac{e^{\pi i(s_1-s_2)}(\sin^2\pi t-\sin^2\pi s_1+\sin^2\pi s_2)}{\pi(s_1-s_2-p)}\,\langle f,f_1(\cdot,t)\rangle\right.\tag{5.33}$$

$$\left.+\frac{(-1)^p\,\pi\,\Gamma(s_1-s_2-p)\langle f,f_2(\cdot,t)\rangle}{\Gamma(1-s_1+s_2+p)\Gamma(t+s_1-s_2)\Gamma(1-t+s_1-s_2)\Gamma(t-p)\Gamma(1-t-p)}\right).$$

Entsprechend erhält man für $b_{2,m}$ aus (5.17), (5.29) und (5.30)

$$b_{2,m} = -\frac{\Gamma(1-s_1)\,\Gamma(1-s_2)\,\Gamma(t+s_1+s_2-1)\,\Gamma(-t+s_1+s_2)}{\Gamma(s_1)\,\Gamma(s_2)\sin\pi(s_1-s_2)}\,\mu_m(s_1)\,\mu_{p+m}(s_2)$$

$$\cdot\left(\frac{(-1)^p\,\pi\,\Gamma(-s_1+s_2+p)\,\overline{a_{1,-m}}}{\Gamma(1+s_1-s_2-p)\,\Gamma(t+p)\,\Gamma(1-t+p)\,\Gamma(t-s_1+s_2)\,\Gamma(1-t-s_1+s_2)}\right.$$

$$\left.+\frac{e^{-\pi i(s_1-s_2)}}{\pi(s_1-s_2-p)}\,(\sin^2\pi t+\sin^2\pi s_1-\sin^2\pi s_2)\,\overline{a_{2,-m}}\right), \tag{5.34}$$

und es folgt

$$\frac{1}{2\pi i}\oint_1^1 \frac{f(\zeta)\,\zeta f_2(\zeta,t)}{W_f(\zeta,t)\,a_0(\zeta)}\,\frac{d\zeta}{\zeta}$$

$$=-\frac{\Gamma(1-s_1)\,\Gamma(1-s_2)}{\Gamma(s_1)\,\Gamma(s_2)\sin\pi(s_1-s_2)}\,\Gamma(t+s_1+s_2-1)\,\Gamma(-t+s_1+s_2)$$

$$\cdot\left(\frac{(-1)^p\,\pi\,\Gamma(-s_1+s_2+p)\,\langle f,f_1(\cdot,t)\rangle}{\Gamma(1+s_1-s_2-p)\,\Gamma(t+p)\,\Gamma(1-t+p)\,\Gamma(t-s_1+s_2)\,\Gamma(1-t-s_1+s_2)}\right.$$

$$\left.+\frac{e^{-\pi i(s_1-s_2)}}{\pi(s_1-s_2-p)}\,(\sin^2\pi t+\sin^2\pi s_1-\sin^2\pi s_2)\,\langle f,f_2(\cdot,t)\rangle\right). \tag{5.35}$$

Die Formeln (5.32)–(5.35) sind durch analytische Fortsetzung bezüglich s_1 auch richtig, wenn $s_1+s_2\geqq\frac{3}{2}$ ist. Um dies einzusehen, muß man sich lediglich überlegen, daß man $\overline{f_i(\zeta,t)}$ und $\overline{a_{i,-m}}$ als analytische Funktionen von s_1 schreiben kann, und daß man die analytische Fortsetzung der Fourier-Koeffizienten auf diesem Weg vornehmen kann. Wie vorher bleiben die Formeln (5.33) und (5.35) für $t=k=1,2,\ldots,p$ bzw. $t=k=1,2,\ldots,-p$ richtig und liefern die Beiträge im diskreten Spektrum.

Lediglich der Punkt $t_0=s_1+s_2-1$ im Fall $s_1+s_2>\frac{3}{2}$ macht besondere Schwierigkeiten. Dort ist mir die direkte Umrechnung auf Spektralform nicht gelungen. Indessen ist die Eigenfunktion bekannt, und es genügt, sie zu normieren, um den entsprechenden Term zu bekommen: Natürlich ist

$$\operatorname*{Res}_{t=s_1+s_2-1}(2t-1)(\Omega-\lambda(t))^{-1}f(\zeta)=\frac{\langle f,\delta\rangle}{\langle\delta,\delta\rangle}\,\delta(\zeta). \tag{5.36}$$

Da in diesem Fall $\langle\zeta^m,\zeta^n\rangle=\delta_{m,n}\,\mu_m(s_1)\,\mu_{p-m}(s_2)$ ist, ergibt sich

$$\langle\delta,\delta\rangle=\sum_{m=-\infty}^{\infty}\mu_m(s_1)\,\mu_{p-m}(s_2). \tag{5.37}$$

Die Kompliziertheit dieses Ausdrucks, der ja im Nenner steht, war vermutlich das Hindernis, das die direkte Umrechnung verhinderte.

Wir formulieren das Ergebnis als

Satz 5.3. *Sei $\frac{1}{2} < s_1$, $s_2 < 1$. Ist f eine stetig differenzierbare Funktion auf U, so ist ihre zu Ω gehörende Spektralzerlegung im Sinn der Hilbertraum-Konvergenz gegeben durch*

$$
f(\zeta) = \sum_{\text{Res}} + \frac{\Gamma(1-s_1)\Gamma(1-s_2)}{i\pi^3 \Gamma(s_1)\Gamma(s_2)} \int_{\frac{1}{2}}^{\frac{1}{2}+i\infty} (2t-1)\sin\pi t \cos\pi t
$$

$$
\cdot \{ |\Gamma(-s_1+s_2+p)\Gamma(t-p)\Gamma(t+s_1-s_2)\Gamma(-t+s_1+s_2)|^2
$$

$$
\cdot \frac{1}{\pi}(\sin^2\pi t - \sin^2\pi s_1 + \sin^2\pi s_2)\langle f, f_1(\cdot,t)\rangle f_1(\zeta,t)
$$

$$
+ (-1)^{p+1}\pi e^{-\pi i(s_1-s_2)}\Gamma(s_1-s_2-p)\Gamma(-s_1+s_2+p)
$$

$$
\cdot |\Gamma(t+s_1+s_2-1)|^2 \langle f, f_2(\cdot,t)\rangle f_1(\zeta,t)
$$

$$
+ (-1)^{p+1}\pi e^{\pi i(s_1-s_2)}\Gamma(s_1-s_2-p)\Gamma(-s_1+s_2+p)
$$

$$
\cdot |\Gamma(t+s_1+s_2-1)|^2 \langle f, f_1(\cdot,t)\rangle f_2(\zeta,t)
$$

$$
+ |\Gamma(s_1-s_2-p)\Gamma(t+p)\Gamma(t-s_1+s_2)\Gamma(-t+s_1+s_2)|^2
$$

$$
\cdot \frac{1}{\pi}(\sin^2\pi t + \sin^2\pi s_1 - \sin^2\pi s_2)\langle f, f_2(\cdot,t)\rangle f_2(\zeta,t)\} \, dt. \tag{5.38}
$$

Dabei bedeutet für $s_1 + s_2 \leqq \frac{3}{2}$ und $p > 0$

$$
\sum_{\text{Res}} = \sum_{\kappa=1}^{p} \frac{\Gamma(1-s_1)\Gamma(1-s_2)(2k-1)|\Gamma(-s_1+s_2+p)|^2 \Gamma(k+s_1-s_2)\Gamma(k+s_1+s_2-1)}{\Gamma(s_1)\Gamma(s_2)(p-k)!\,\Gamma(p+k)\Gamma(k-s_1+s_2)\Gamma(k-s_1-s_2+1)}
$$

$$
\cdot \langle f, f_1(\cdot,k)\rangle f_1(\zeta,k), \tag{5.39}
$$

für $p < 0$

$$
\sum_{\text{Res}} = \sum_{k=1}^{|p|} \frac{\Gamma(1-s_1)\Gamma(1-s_2)(2k-1)|\Gamma(s_1-s_2+|p|)|^2 \Gamma(k-s_1+s_2)\Gamma(k+s_1+s_2-1)}{\Gamma(s_1)\Gamma(s_2)(|p|-k)!\,\Gamma(|p|+k)\Gamma(k+s_1-s_2)\Gamma(k-s_1-s_2+1)}
$$

$$
\cdot \langle f, f_2(\cdot,k)\rangle f_2(\zeta,k), \tag{5.40}
$$

während für $s_1 + s_2 > \frac{3}{2}$ der Term $\dfrac{\langle f, \delta\rangle\,\delta(\zeta)}{\langle \delta, \delta\rangle}$ hinzu kommt.

Damit ist die gesuchte Spektralformel in den Fällen 1.–3. bestimmt.

§6. Spektralzerlegung von Ω_p in den Fällen 4. und 5.

Wir gehen nun zu jenen Fällen über, in denen der Hilbertraum H_p $=H$ aus analytischen Funktionen besteht. Diese Fälle sind in mancher Beziehung einfacher als die bisherigen: jedes Hilbertraum-Element wird tatsächlich durch eine Funktion dargestellt, während bisher manche Elemente nur durch ihre Fourier-Entwicklung gegeben waren, die im gewöhnlichen Sinn nicht zu konvergieren brauchte. Auch treten jetzt, wie wir sehen werden, nur noch einfache Spektren auf.

Andererseits sind wir jetzt noch weiter von der gewöhnlichen Titchmarsh-Kodaira-Theorie entfernt, und die Aufstellung der Resolventen als Integral-Operator erfordert zusätzliche Hilfsmittel. Wir werden uns dabei der Bergman'schen Kernfunktion bedienen. Wir gehen nach folgendem Plan vor. Zunächst bestimmen wir wieder explizit Lösungen von $(\Omega-\lambda)f$ $=0$. Dann setzen wir die Resolvante an, indem wir die Variation-der-Konstanten-Formel mit dem reproduzierenden Kern als inhomogenem Bestandteil anschreiben. Damit das Ergebnis im Hilbertraum liegt, müssen hier Korrektur-Terme angebracht werden, die wir durch Kontur-Integrale darstellen. Dann liefert wieder „Integration rund ums Spektrum" die gesuchte Umkehrformel, diesmal direkt in der Spektralform, mit den richtigen Projektionen.

Wir unterdrücken im folgenden wieder den Index p. Wo die Rechnung parallel zu §3 verläuft, fassen wir uns möglichst kurz und geben nicht alle Zwischenschritte an. Das Skalarprodukt in H ist durch (2.19) charakterisiert. Aus (2.18) erhalten wir

$$\Omega-\lambda=-(1-z)\left(z(1-z)\frac{d^2}{dz^2}+(1+l-s-p-(1+3l+s-p)z)\frac{d}{dz}\right.$$
$$\left.+2l(p-l-s)+\frac{(l+s)^2-(l+s)+\lambda}{1-z}\right). \tag{6.1}$$

Wir setzen an

$$(1-z)^\beta\frac{1}{z-1}(\Omega-\lambda)(1-z)^{-\beta}=\Omega_\beta \tag{6.2}$$

und bestimmen β so, daß die Terme mit $1-z$ im Nenner verschwinden. Das ergibt für β die Indexgleichung

$$\beta(\beta+1)-2\beta(l+s)+(l+s)^2-(l+s)+\lambda=0, \tag{6.3}$$

und die Lösung lautet

$$\beta=l+s-\tfrac{1}{2}\pm\sqrt{\tfrac{1}{4}-\lambda}. \tag{6.4}$$

Wir setzen wie früher $t=\tfrac{1}{2}+\sqrt{\tfrac{1}{4}-\lambda}$ mit $\mathrm{Re}(t)>\tfrac{1}{2}$, wenn $\lambda\in\mathbb{R}^{+}$ ist. Dann ist

$$\beta=t+l+s-1, \tag{6.5}$$

und wir haben

$$\Omega_{\beta}=z(1-z)\frac{d^{2}}{dz^{2}}+(1+l-s-p-(3-2t+l-s-p)z)\frac{d}{dz}$$
$$-(1-t+l-s)(1-t-p). \tag{6.6}$$

Dies ist eine hypergeometrische Differentialgleichung mit $a=1-t+l-s$, $b=1-t-p$ und $c=1+l-s-p$. Somit ist ein Fundamentalsystem von Lösungen von (6.1) gegeben durch

$$f_{1}(z,t)=(1-z)^{1-t-l-s}F(1-t+l-s,1-t-p;1+l-s-p;z) \tag{6.7}$$

und

$$f_{2}(z,t)=e^{\pi i(-l+s+p)}(-z)^{-l+s+p}(1-z)^{1-t-l-s}$$
$$\cdot F(1-t-l+s,1-t+p;1-l+s+p;z). \tag{6.8}$$

Die Funktion $f_{1}(z,t)$ ist zwar in $\mathfrak{C}$ analytisch, aber ihre Singularität bei $z=1$ ist so stark, daß sie nicht im Hilbertraum liegt. Dies ersieht man am einfachsten aus der Reihenentwicklung von $(1-z)^{1-t-l-s}$, den Koeffizienten $\mu_{m}(l)$ und $\mu_{p-l-m}(s)$ und der Stirlingschen Formel. Es zeigt sich dann, daß $(1-z)^{-\alpha}$ in H liegt, wenn $\mathrm{Re}(\alpha)<\mathrm{Re}(l+s-\tfrac{1}{2})$ ist.

Die Funktion $f_{2}(z,t)$ dagegen hat einen Schnitt von 0 bis 1, sie nimmt bei einem Umlauf um 0 einen konstanten Faktor auf. Hier rühren die Schwierigkeiten bei der Aufstellung der Resolvente her.

Die Wronski-Determinante W_{f} von f_{1} und f_{2} bestimmt man wie vorher durch ihre Differentialgleichung und den Grenzübergang $z\to0$. So ergibt sich

$$W_{f}(z,t)=(l-s-p)\,e^{-\pi i(l-s-p)}(-z)^{-l+s+p-1}(1-z)^{-2(l+s)}. \tag{6.9}$$

Wieder benötigt man ein zweites Fundamentalsystem, das das Verhalten der Funktionen für $z\to1$ erkennen läßt. Wir wählen für $\mathrm{Im}(z)>0$

$$h_{1}(z,t)=(1-z)^{1-t-l-s}F(1-t+l-s,1-t-p;2-2t;1-z) \tag{6.10}$$

und

$$h_{2}(z,t)=(1-z)^{t-l-s}F(t+l-s,t-p;2t;1-z). \tag{6.11}$$

Die Zusammenhangsformeln lauten, wenn wir f_{1} und f_{2} durch h_{1} und h_{2} ausdrücken (hier unterscheidet sich die Bezeichnungsweise von der in §3)

$$f_{1}(z,t)=\Gamma_{1,1}(t)\,h_{1}(z,t)+\Gamma_{1,2}(t)\,h_{2}(z,t) \tag{6.12}$$

und

$$f_2(z,t) = \Gamma_{2,1}(t)\, h_1(z,t) + \Gamma_{2,2}(t)\, h_2(z,t) \tag{6.13}$$

mit

$$\Gamma_{1,1}(t) = \frac{\Gamma(1+l-s-p)\,\Gamma(2t-1)}{\Gamma(t-p)\,\Gamma(t+l-s)}, \qquad \Gamma_{1,2}(t) = \Gamma_{1,1}(1-t)$$

und

$$\Gamma_{2,1}(t) = \frac{\Gamma(1-l+s+p)\,\Gamma(2t-1)}{\Gamma(t+p)\,\Gamma(t-l+s)}, \qquad \Gamma_{2,2}(t) = \Gamma_{2,1}(1-t). \tag{6.14}$$

Natürlich ist dann, wenn man die Determinante der Matrix $(\Gamma_{i,j}(t))$ wieder mit $\det(\Gamma_{i,j}(t))$ bezeichnet

$$h_1(z,t) = \frac{1}{\det(\Gamma_{i,j}(t))}\,(\Gamma_{2,2}(t)\,f_1(z,t) - \Gamma_{1,2}(t)\,f_2(z,t)) \tag{6.15}$$

und

$$h_2(z,t) = \frac{1}{\det(\Gamma_{i,j}(t))}\,(-\Gamma_{2,1}(t)\,f_1(z,t) + \Gamma_{1,1}(t)\,f_2(z,t)). \tag{6.16}$$

Die Formeln (6.15) und (6.16) setzen h_1 und h_2 nach $\mathfrak{C} \setminus [0,1)$ analytisch fort.

Eine leichte Rechnung ergibt

$$\det(\Gamma_{i,j}(t)) = \frac{l-s-p}{2t-1}. \tag{6.17}$$

Das System h_1, h_2 hat nicht die Symmetrie-Eigenschaften des entsprechenden Systems in den Fällen 1.–3. (s. (3.14)). Dafür läßt es das Verhalten der Lösungen für $z \to 1$, $\operatorname{Im}(z) > 0$ genau erkennen, auch den stärker singulären Anteil. Da für den Hilbertraum nur Funktionen in Frage kommen, die in ganz $\mathfrak{C}$ regulär sind, wird sich hieraus das Verhalten für $z \to 1$, $\operatorname{Im}(z)$ beliebig, in den kritischen Fällen ablesen lassen.

Der reproduzierende Kern (Bergman-Kern) in H ist gegeben durch

$$\delta(z,w) = \sum_{n=0}^{\infty} \frac{z^n\, \bar{w}^n}{\mu_n(l)\, \mu_{p-l-n}(s)}. \tag{6.18}$$

Diese Reihe konvergiert für $|w| < 1$ gleichmäßig in $|z| \leq 1$ und stellt somit dort eine analytische Funktion von z dar. Die Funktion $\delta(z,w)$ erfüllt für alle $f \in H$ die Gleichung

$$\langle f, \delta(\cdot, w) \rangle = f(w) \tag{6.19}$$

und ist hierdurch charakterisiert.

Wir wollen die Resolvente mit Hilfe des Skalarprodukts darstellen. Wir brauchen also, für λ nicht im Spektrum, eine Funktion $G(z, w, \lambda)$ mit den folgenden Eigenschaften:

1. Als Funktion von z liegt $G(z, w, \lambda)$ in H.
2. Für alle f im Definitionsbereich von Ω gilt

$$\langle (\Omega - \lambda) f, G(\cdot, w, \lambda) \rangle = f(w). \tag{6.20}$$

Da Ω symmetrisch ist, ergibt dies für $G(z, w, \lambda)$ die Bedingung

$$\langle f, (\Omega_z - \bar{\lambda}) \, G(z, w, \lambda) \rangle = f(w) \tag{6.21}$$

oder

$$(\Omega_z - \bar{\lambda}) \, G(z, w, \lambda) = \delta(z, w), \tag{6.22}$$

wobei der Index z bei Ω angibt, auf welche Variable der Operator wirkt.

Da uns nicht für $\Omega - \bar{\lambda}$, sondern für $\Omega - \lambda$ Fundamentalsysteme vorliegen, ziehen wir es vor, die äquivalente Gleichung

$$(\Omega_z - \lambda) \, G(z, w, \bar{\lambda}) = \delta(z, w) \tag{6.23}$$

zu lösen. Wir bemerken noch, daß

$$\overline{G(z, w, \lambda)} = G(w, z, \bar{\lambda}) \tag{6.24}$$

ist. Dies folgt einfach, indem man auf

$$\langle (\Omega_{w_1} - \lambda) \, G(w_1, z, \bar{\lambda}), G(w_1, w, \lambda) \rangle = \langle G(w_1, z, \bar{\lambda}), (\Omega_{w_1} - \bar{\lambda}) \, G(w_1, w, \lambda) \rangle$$

die definierenden Eigenschaften von G und δ anwendet. Nach diesen Vorbereitungen kommen wir zur Aufstellung der Resolvente. Wir verwenden wieder die Variation-der-Konstanten-Formel und setzen mit $\lambda = t(1 - t)$, $\mathrm{Re}(t) > \frac{1}{2}$

$$G_0(z, w, \overline{\lambda(t)}) = -f_1(z, t) \int\limits_{\frac{1}{2}}^{z} \frac{\delta(z_1, w) f_2(z_1, t)}{W_f(z_1, t) a_0(z_1)} \, d z_1$$

$$+ f_2(z, t) \int\limits_{\frac{1}{2}}^{z} \frac{\delta(z_1, w) f_1(z_1, t)}{W_f(z_1, t) a_0(z_1)} \, d z_1. \tag{6.25}$$

Der Punkt $\frac{1}{2}$ ist zufällig gewählt, wir hätten einen beliebigen Punkt $\neq 0$ im Inneren des Einheitskreises wählen können; es ist aber bequem, einen Punkt auf dem Schnitt von f_2 zu nehmen.

Der erste Integrand in (6.25) ist in $\mathfrak{E}$ holomorph, da

$$W_f(z, t) a_0(z) = (l - s - p) e^{-\pi i (l - s - p)} (-z)^{-l + s + p} (1 - z)^{2(1 - l - s)} \tag{6.26}$$

ist und die nicht holomorphen Faktoren sich wegkürzen. Beim zweiten Integral spezifizieren wir, daß $\frac{1}{2}$ am oberen Ufer des Schnitts $[0, 1)$ liegt, und daß nicht über den Schnitt weg integriert werden darf. Dadurch wird G_0 eine eindeutig definierte Funktion auf $\mathfrak{C} \setminus [0,1)$, die der Differentialgleichung (6.23) genügt.

Der Integrand des zweiten Integrals in (6.25) hat die Form

$$(-z_1)^{l-s-p} \sum_{m=0}^{\infty} a_m z_1^m = \sum_{m=0}^{\infty} (-1)^m a_m (-z_1)^{l-s-p+m} \tag{6.27}$$

mit gewissen Koeffizienten a_m. Wir setzen

$$H_1(z_1) = \sum_{m=0}^{\infty} \frac{(-1)^{m+1} a_m}{l-s-p+m+1} (-z)^{l-s-p+m+1}, \tag{6.28}$$

dies ist eine Stammfunktion des Integranden. Dann ist

$$\int_{\frac{1}{2}}^{z} \frac{\delta(z_1, w) f_1(z_1, t)}{W_f(z_1, t) a_0(z_1)} \, dz_1 = H_1(z) - H_1(\tfrac{1}{2}). \tag{6.29}$$

Nun ist das Produkt $f_2(z,t) H_1(z)$ in $\mathfrak{C}$ regulär, da sich wiederum die nicht regulären Faktoren wegkürzen. Demnach ist $G_0(z, w, \overline{\lambda(t)})$ $+ f_2(z,t) H_1(\tfrac{1}{2})$ eine in ganz $\mathfrak{C}$ holomorphe Funktion. Wir suchen eine bequeme Darstellung für $H_1(\tfrac{1}{2})$; die Potenzreihe ist natürlich völlig unübersichtlich. Hier hilft die Beobachtung weiter, daß die Funktion $H_1(z)$ bei einem Umlauf um 0 einen Faktor $e^{-2\pi i s}$ aufnimmt. So ergibt sich die Integraldarstellung

$$H_1(\tfrac{1}{2}) = \frac{1}{e^{-2\pi i s} - 1} \int_{\frac{1}{2}}^{(0+)} \frac{\delta(z_1, w) f_1(z_1, t)}{W_f(z_1, t) a_0(z_1)} \, dz_1, \tag{6.30}$$

wobei der Integrationsweg eine Schleife um 0 im positiven Sinn von $\tfrac{1}{2}$ nach $\tfrac{1}{2}$ ist, und wir haben gezeigt

Lemma 6.1. *Die Funktion*

$$G_1(z, w, \overline{\lambda(t)}) = G_0(z, w, \overline{\lambda(t)}) + f_2(z,t) \frac{1}{e^{-2\pi i s} - 1}$$

$$\cdot \int_{\frac{1}{2}}^{(0+)} \frac{\delta(z_1, w) f_1(z_1, t)}{W_f(z_1, t) a_0(z_1)} \, dz_1 \tag{6.31}$$

ist als Funktion von z in ganz $\mathfrak{C}$ holomorph.

Nun müssen wir von G_1 noch ein solches Vielfaches von $f_1(z,t)$ abziehen, daß das Ergebnis bei $z=1$ nicht mehr zu stark singulär ist. Dabei genügt es, dieses Verhalten für $\mathrm{Im}(z) > 0$ zu zeigen, denn es geht nur darum, einen Term zu unterdrücken, der ein Vielfaches von $(1-z)^{1-t-l-s}$ ist, und ein solcher Term ist 0, wenn er für $\mathrm{Im}(z) > 0$ diesen Wert hat.

Für den Term mit dem Schleifen-Integral ist dies ganz einfach: es ist

$$f_2(z,t) - \frac{\Gamma_{2,1}(t)}{\Gamma_{1,1}(t)} f_1(z,t) = \frac{\det(\Gamma_{i,j}(t))}{\Gamma_{1,1}(t)} h_2(z,t), \tag{6.32}$$

und dies hat für $z \to 1$ das gewünschte Verhalten.

Um das Verhalten von $G_0(z, w, \overline{\lambda(t)})$ für $z \to 1$, $\mathrm{Im}(z) > 0$, zu untersuchen, gehen wir zum Fundamentalsystem der h_i über. Es ist ja auch

$$G_0(z, w, \overline{\lambda(t)}) = \det(\Gamma_{i,j}(t)) \left(-h_1(z,t) \int\limits_{\frac{1}{2}}^{z} \frac{\delta(z_1, w) h_2(z_1, t)}{W_f(z_1, t) a_0(z_1)} dz_1 \right.$$
$$\left. + h_2(z,t) \int\limits_{\frac{1}{2}}^{z} \frac{\delta(z_1, w) h_1(z_1, t)}{W_f(z_1, t) a_0(z_1)} dz_1 \right). \tag{6.33}$$

Da das zweite Integral für $z \to 1$ konvergiert, solange $\mathrm{Re}(t)$ nicht zu groß ist, ist der zweite Term $O(1-z)^{t-l-s}$, also nicht zu singulär, um in H zu liegen.

Beim 1. Term zeigt eine ganz ähnliche Überlegung wie vorhin, daß man

$$\frac{\det(\Gamma_{i,j}(t))}{\Gamma_{1,1}(t)} f_1(z,t) \int\limits_{\frac{1}{2}}^{1} \frac{\delta(z_1, w) h_2(z_1, t)}{W_f(z_1, t) a_0(z_1)} dz_1$$

addieren muß, um den von h_1 stammenden, singulären Term zu unterdrücken.

Damit ist der Kern der Resolvente bestimmt, und wir haben

Satz 6.1. *In den Fällen 4. und 5. (kontinuierlich $\otimes$ diskret positiv) ist die Resolvente durch einen Integral-Operator gegeben: es ist für $\lambda \notin \mathbb{R}$*

$$(\Omega - \lambda(t))^{-1} f(w) = \langle f, G(\cdot, w, \lambda(t)) \rangle. \tag{6.34}$$

Dabei ist

$$G(z, w, \overline{\lambda(t)}) = -f_1(z,t) \int\limits_{\frac{1}{2}}^{z} \frac{\delta(z_1, w) f_2(z_1, t)}{W_f(z_1) a_0(z_1)} dz_1$$
$$+ f_2(z,t) \int\limits_{\frac{1}{2}}^{z} \frac{\delta(z_1, w) f_1(z_1, t)}{W_f(z_1) a_0(z_1)} dz_1$$
$$+ \frac{(-l+s+p) h_2(z,t)}{(1-2t)\Gamma_{1,1}(t)(e^{-2\pi is}-1)} \int\limits_{\frac{1}{2}}^{(0+)} \frac{\delta(z_1, w) f_1(z_1, t)}{W_f(z_1) a_0(z_1)} dz_1$$
$$+ \frac{(-l+s+p) f_1(z,t)}{(1-2t)\Gamma_{1,1}(t)} \int\limits_{\frac{1}{2}}^{1} \frac{\delta(z_1, w) h_2(z_1, t)}{W_f(z_1) a_0(z_1)} dz_1, \tag{6.35}$$

eine als Funktion von z in $\mathfrak{C}$ holomorphe Funktion.

Nun müssen wir wieder rund ums Spektrum integrieren.

Die Verschiebung der Integration ins Spektrum ist wie in §3 zu rechtfertigen.

Die Pole der Resolvente sind hier gerade die Nullstellen von $\Gamma_{1,1}(t)$, diese sind $t=k=1,2,\ldots,p$; sie treten nur für $p>0$ auf.

Somit haben wir für in $\overline{\mathfrak{E}}$ holomorphes f

$$
\begin{aligned}
f(w)=&-\sum_{k=1}^{p}\operatorname*{Res}_{t=k}\left((1-2t)\langle f, G(\cdot,w,\lambda(t))\rangle\right)\\
&+\frac{-1}{2\pi i}\int_{\frac{1}{2}-i\infty}^{\frac{1}{2}+i\infty}(1-2t)\langle f, G(\cdot,w,\lambda(t))\rangle\,dt,
\end{aligned}
\tag{6.36}
$$

wobei im Integral $G(\cdot,w,\lambda(t))$ so zu verstehen ist, daß die Funktion durch analytische Fortsetzung aus der Halbebene $\operatorname{Re}(t)>\frac{1}{2}$ entsteht.

Wir berechnen zuerst die Residuen.

Hierbei ist

$$
\begin{aligned}
&-\operatorname*{Res}_{t=k}\left((1-2t)\langle f, G(z,w,\lambda(t))\rangle\right)\\
&=(2k-1)\langle f, \operatorname*{Res}_{t=k}\overline{G(z,w,\lambda(t))}\rangle\\
&=(2k-1)\langle f, \operatorname*{Res}_{t=k} G(w,z,\overline{\lambda(t)})\rangle.
\end{aligned}
\tag{6.37}
$$

Die Vertauschung der Residuen-Bildung mit der Integration ist leicht zu rechtfertigen.

Nun ist aber $G(w,z,\overline{\lambda(t)})$ eine in w reguläre Lösung von $(\Omega-\lambda(t))f(w)=\delta(w,z)$, und somit ist das Residuum bei $t=k$ eine Lösung der homogenen Gleichung, da $\delta(w,z)$ ja von t gar nicht abhängt. Die Anwendung von Ω ist mit der Residuen-Bildung vertauschbar, wie man durch lokale Reihenentwicklung erkennt. Demnach ist

$$
\operatorname*{Res}_{t=k} G(w,z,\overline{\lambda(t)})=Cf_1(w,k)\overline{f_1(z,k)}.
\tag{6.38}
$$

Wir bestimmen die Konstante C, indem wir in (6.35) z und w vertauschen, dann $z=0$ setzen und zum Residuum bei $t=k$ übergehen. Dabei verwenden wir, daß $\Gamma_{1,1}(k)=0$ und deshalb $h_2(z,k)=\dfrac{f_1(z,k)}{\Gamma_{1,2}(k)}$ ist.

So ergibt sich

$$
\begin{aligned}
C=&\frac{2(l-s-p)(-1)^{p-k}\Gamma(k+l-s)\Gamma(2k)\Gamma(1-k+l-s)(-1)^{p-k}}{(2k-1)\Gamma(1+l-s-p)\Gamma(2k-1)(p-k)!\,\Gamma(p+k)\Gamma(1+l-s-p)}\\
&\cdot\frac{1}{\mu_{p-l}(s)}\left(\frac{1}{e^{-2\pi is}-1}\int_{\frac{1}{2}}^{(0+)}\frac{f_1(z_1,k)}{W_f(z_1)a_0(z_1)}\,dz_1\right.\\
&\left.+\int_{\frac{1}{2}}^{1}\frac{f_1(z_1,k)}{W_f(z_1)a_0(z_1)}\,dz_1\right).
\end{aligned}
\tag{6.39}
$$

Eine kurze Überlegung zeigt, daß wir beide Integrale zu einem Schleifen-Integral zusammenfassen können, und so erhalten wir

$$C = \frac{2\Gamma(k+l-s)\Gamma(1-k+l-s)(l-s-p)}{\mu_{p-l}(s)\Gamma^2(1+l-s-p)(p-k)!\,\Gamma(p+k)(e^{-2\pi is}-1)}$$
$$\cdot \int_1^{(0+)} \frac{f_1(z_1,k)}{W_f(z_1)a_0(z_1)}\, dz_1. \tag{6.40}$$

Das Schleifen-Integral ist von dem in (5.10) angegebenen und in (5.13) allgemein ausgewerteten Typ; wir erhalten hier, sogar mit allgemeinem t statt k, wenn nur das Integral in der Nähe von $z=1$ absolut konvergiert,

$$\frac{1}{e^{-2\pi is}-1} \int_1^{(0+)} \frac{f_1(z_1,t)}{W_f(z_1)a_0(z_1)}\, dz_1$$
$$= \frac{1}{l-s-p} B(l-s-p+1, -t+l+s)$$
$$\cdot {}_3F_2\left[\begin{matrix} 1-t+l-s, 1-t-p, 1+l-s-p; \\ 1+l-s-p, 1-t+2l-p \end{matrix}\right], \tag{6.41}$$

und hier degeneriert die ${}_3F_2$-Funktion zu einer ${}_2F_1$-Funktion, die nach dem Satz von Gauß ausgewertet werden kann. So kommt

$$\frac{1}{e^{-2\pi is}-1} \int_1^{(0+)} \frac{f_1(z_1,t)}{W_f(z_1)a_0(z_1)}\, dz_1$$
$$= -\frac{\Gamma(l-s-p+1)\Gamma(t-1+l+s)\Gamma(-t+l+s)}{(l-s-p)\Gamma(2l)\Gamma(l+s-p)} \tag{6.42}$$

heraus. Somit ist

$$C = \frac{2\Gamma(k+l-s)\Gamma(k+l+s-1)\Gamma(-k+l+1-s)\Gamma(-k+l+s)}{\mu_{p-l}(s)\Gamma(2l)\Gamma(l+s-p)\Gamma(1+l-s-p)(p-k)!\,\Gamma(p+k)}. \tag{6.43}$$

Wie man sieht, ist C reell. Es ergibt sich

$$-\sum_{k=1}^{p} \operatorname*{Res}_{t=k}\big((1-2t)\langle f, G(\cdot, w, \lambda(t))\rangle\big)$$
$$= \sum_{k=1}^{p} \frac{|\Gamma(1-s)|\,2(2k-1)\,\Gamma(k+l-s)\Gamma(k+l+s-1)\Gamma(-k+l+1-s)\Gamma(-k+l+s)}{|\Gamma(s)|\,\Gamma(2l)\,|\Gamma(l+1-s-p)|^2(p-k)!\,\Gamma(p+k)}$$
$$\cdot \langle f, f_1(\cdot,k)\rangle f_1(w,k). \tag{6.44}$$

Nun müssen wir noch den Anteil des kontinuierlichen Spektrums in (6.36) ausrechnen. Hierbei führen wir im Integral von $\frac{1}{2}-i\infty$ bis $\frac{1}{2}$ durch

$t \to 1-t$ eine neue Variable ein und erhalten so

$$f(w) = \sum_{\text{Res}} + \frac{1}{2\pi i} \int_{\frac{1}{2}}^{\frac{1}{2}+i\infty} (2t-1)\langle f, G(\cdot,w,\lambda(t)) - G(\cdot,w,\lambda(1-t))\rangle\, dt. \qquad (6.45)$$

Nun ist aber für $\mathrm{Re}(t)=\frac{1}{2}$

$$G(z,w,\lambda(t)) - G(z,w,\lambda(1-t)) = G(z,w,\overline{\lambda(1-t)}) - G(z,w,\overline{\lambda(t)}),$$

und hier können wir bequem (6.35) eintragen. Beachtet man hier, daß $f_1(z,t)=f_1(z,1-t)$ und $h_2(z,t)=h_1(z,1-t)$ gilt, so erhält man

$$G(z,w,\overline{\lambda(1-t)}) - G(z,w,\overline{\lambda(t)})$$

$$= -\frac{(l-s-p)f_1(z,t)}{(2t-1)\Gamma_{1,1}(t)\Gamma_{1,2}(t)(e^{-2\pi i s}-1)} \int_1^{(0+)} \frac{\delta(z_1,w)f_1(z_1,t)}{W_f(z_1)a_0(z_1)}\, dz_1. \qquad (6.46)$$

Jetzt verwenden wir die Bemerkung (6.24). Es folgt, daß die Differenz in (6.46) ein Vielfaches von $\overline{f_1(w,t)}$ ist, da ihr konjugiert Komplexes der homogenen Differentialgleichung genügt, und es reicht wieder aus, das Schleifenintegral für $w=0$ auszuwerten. Dies ist in (6.42) bereits geschehen, und wir können das Ergebnis formulieren:

Satz 6.2. *In den Fällen 4. und 5. (kontinuierlich $\otimes$ diskret positiv) lautet die zu Ω gehörende Spektralzerlegung für in $\overline{\mathfrak{E}}$ holomorphes f*

$$f(w) = \sum_{\text{Res}} + \frac{|\Gamma(1-s)|}{\pi^2 i\, |\Gamma(s)|\,\Gamma(2l)\,|\Gamma(l+1-s-p)|^2}$$

$$\cdot \int_{\frac{1}{2}}^{\frac{1}{2}+i\infty} (2t-1)\cos\pi t\,\sin\pi t\,|\Gamma(t-p)\,\Gamma(t+l-s)\,\Gamma(t-1+l+s)|^2$$

$$\cdot \langle f, f_1(\cdot,t)\rangle f_1(w,t)\, dt. \qquad (6.47)$$

Dabei ist $\sum_{\text{Res}}$ durch (6.44) gegeben.

Das Spektralmaß ist sichtlich positiv, da $\dfrac{dt}{i}$, $(2t-1)\cos\pi t$ und $\sin\pi t$ alle positiv sind.

§7. Spektralzerlegung im Fall 6.

In diesem Paragraphen treffen wir, wie schon erwähnt, auf eine ganz neue Situation: die Gewichte sind alle echt positiv, die Hauptserie kommt nicht vor, das Spektrum ist diskret. Diese Situation ist weniger interessant; um die Spektral-Entwicklung aufzustellen, genügt es ja, die Eigenvektoren zu bestimmen und ihre Norm auszurechnen. Wir führen hier einen möglichst einfachen Weg zur Berechnung dieser Norm vor: nur für die Vektoren minimalen Gewichts wird direkt gerechnet, hier führt der Satz von Gauß zum Ziel. Für die anderen Vektoren erhalten wir dann die Normierung aus der Tatsache, daß alle Vektoren zu einem festen Eigenwert eine irreduzible Darstellung bilden, in der wir die Wirkung des „Aufsteige-Operators" T_- allgemein berechnen können; dies ist dieselbe wie die von W_-, und der Vergleich führt die Normierung auf die bei Vektoren minimalen Gewichts zurück.

Aber zunächst wollen wir nach nun schon bekanntem Muster die Eigenfunktionen bestimmen. Wir haben (s. (2.22))

$$\frac{1}{z-1}(\Omega-\lambda)=z(1-z)\frac{d^2}{dz^2}+(1+l_1-l_2-p-(1+3l_1+l_2-p)z)\frac{d}{dz}$$

$$+2l_1(p-l_1-l_2)-\frac{(l_1+l_2)(1-l_1-l_2)-\lambda}{1-z}. \tag{7.1}$$

Der Ansatz

$$\Omega_\beta=(1-z)^\beta\frac{1}{z-1}(\Omega-\lambda)(1-z)^{-\beta}$$

führt auf die Indexgleichung

$$\beta(\beta+1)-2\beta(l_1+l_2)-(l_1+l_2)(1-l_1-l_2)+\lambda=0, \tag{7.2}$$

und mit $t=\frac{1}{2}+\sqrt{\frac{1}{4}-\lambda}$ ist eine Lösung hiervon

$$\beta=l_1+l_2-t. \tag{7.3}$$

So ergibt sich eine hypergeometrische Differentialgleichung, und eine Lösung von $(\Omega-\lambda)f(z)=0$ ist gegeben durch

$$f(z,t)=(1-z)^{t-l_1-l_2}F(t+l_1-l_2,t-p;1-p+l_1-l_2;z). \tag{7.4}$$

Dies ist für $t=k=l_1+l_2,\ l_1+l_2+1,\dots,p$ ein Polynom vom Grad $p-l_1-l_2$, liegt also in H. Alle diese Polynome sind linear unabhängig, da sie zu verschiedenen Eigenwerten gehören. Wir müssen ihre Norm ausrechnen, bzw. die normierten Eigenfunktionen bestimmen. Wie angekündigt, führen wir die direkte Rechnung nur für $k=p$ durch. Hier ist

$$f(z,p)=(1-z)^{p-l_1-l_2}=\sum_{m=0}^{p-l_1-l_2}\frac{(p-l_1-l_2)!}{m!(p-l_1-l_2-m)!}(-1)^m z^m. \tag{7.5}$$

Wir erinnern daran, daß (s. (2.23))

$$\langle z^m, z^n \rangle = \delta_{m,n}\, \mu_m(l_1)\, \mu_{p-l_1-l_2-m}(l_2)$$
$$= \delta_{m,n} \frac{\Gamma(2l_1)\Gamma(m+1)\Gamma(2l_2)\Gamma(p-l_1-l_2-m+1)}{\Gamma(2l_1+m)\Gamma(p-l_1+l_2-m)} \tag{7.6}$$

ist. Demnach ist, wie man nach einer kurzen Rechnung sieht,

$$\langle f(\cdot,p), f(\cdot,p) \rangle = \frac{\Gamma(2l_2)\Gamma(p-l_1-l_2+1)}{\Gamma(p-l_1+l_2)}$$
$$\cdot \sum_{m=0}^{p-l_1-l_2} \frac{(l_1+l_2-p)_m(1-p+l_1-l_2)_m}{m!\,(2l_1)_m}. \tag{7.7}$$

Die Summe läßt sich nach dem Satz von Gauß auswerten, und wir erhalten

$$\langle f(\cdot,p), f(\cdot,p) \rangle = \frac{\Gamma(2l_1)\Gamma(2l_2)\Gamma(p-l_1-l_2+1)\Gamma(2p-1)}{\Gamma(p-l_1+l_2)\Gamma(p+l_1-l_2)\Gamma(p+l_1+l_2-1)}. \tag{7.8}$$

Nun müssen wir allgemein für Darstellungen der positiven diskreten Serie die Wirkung des Operators $T_- = T^l_{y_1} - i\,T^l_{y_2}$ auf normierten Eigenelementen bestimmen. Wir haben

$$T_- = z^2 \frac{d}{dz} + 2lz \tag{7.9}$$

und deshalb

$$T_-(z^n) = (n+2l)\,z^{n+1}. \tag{7.10}$$

Setzt man

$$f_n(z) = (\mu_n(l))^{-\frac{1}{2}} z^n, \tag{7.11}$$

so ist f_n die normierte K-Eigenfunktion vom Gewicht $n+l$. Anwendung von T_- ergibt

$$((n+2l)(n+1))^{-\frac{1}{2}}\, T_-\, f_n(z) = f_{n+1}(z). \tag{7.12}$$

Der T_- entsprechende Operator in der Kronecker-Produkt-Darstellung ist W^{l_1,l_2}_-; er wirkt auf Funktionen vom Gewicht p, die ja die Form $w^{p-l_1-l_2} f_p(z)$ haben, durch

$$W^{l_1,l_2}_{-,p} = w \left((z-1)z \frac{d}{dz} + 2l_1 z + p - l_1 + l_2 \right). \tag{2.21}$$

Wir wissen auch, daß W_- Eigenfunktionen zu Ω in Eigenfunktionen überführt; deshalb ist

$$\left((z-1)z \frac{d}{dz} + 2l_1 z + p - l_1 + l_2 \right) f_p(z,k) = C f_{p+1}(z,k). \tag{7.13}$$

Die Konstante C bestimmt man durch $z\to 0$, es ist

$$C=p-l_1+l_2. \tag{7.14}$$

Sei nun $a_{p,k}>0$ eine solche Konstante, daß $a_{p,k}f_p(z,k)$ eine normierte Eigenfunktion von Ω ist. Dann liefert der Vergleich von T_- und W_- wegen $k=l$, $p=n+l$ die Gleichung

$$a^2_{p+1,k}=\frac{(p-l_1+l_2)^2}{(p+k)(p-k+1)}\,a^2_{p,k}. \tag{7.15}$$

Nun ist aber, wie wir gesehen haben, für $k=p$

$$a^2_{p,k}=a^2_{k,k}=\frac{\Gamma(p-l_1+l_2)\,\Gamma(p+l_1-l_2)\,\Gamma(p+l_1+l_2-1)}{\Gamma(2l_2)\,\Gamma(p-l_1-l_2+1)\,\Gamma(2l_1)\,\Gamma(2p-1)}$$

$$=\frac{\Gamma^2(p-l_1+l_2)\,\Gamma(k+l_1-l_2)\,\Gamma(k+l_1+l_2-1)(2k-1)}{\Gamma(2l_1)\,\Gamma(2l_2)\,\Gamma(k-l_1+l_2)\,\Gamma(k-l_1-l_2+1)\,\Gamma(p+k)\,\Gamma(p-k+1)}. \tag{7.16}$$

In dieser Gestalt läßt vollständige Induktion nach p erkennen, daß (7.16) für alle $p\geq k$ richtig bleibt. Wir haben demnach

Satz 7.1. *Die Eigenfunktions-Entwicklung einer Funktion $f\in H$ zu Ω lautet im Fall 6.*

$$f(z)=\sum_{k=l_1+l_2}^{p}\langle f,f(\cdot,k)\rangle\,a_{p,k}f(z,k). \tag{7.17}$$

Dabei ist $f(z,k)$ durch (7.4), der Koeffizient $a_{p,k}$ durch (7.16) gegeben.

§8. Spektralzerlegung von Ω_p im Fall 7.

In diesem letzten Fall gleicht die Situation sehr der in §6 behandelten. Der Hilbertraum $H_p=H$ besteht aus in der Einheitskreisscheibe $\mathfrak{C}$ analytischen Funktionen und besitzt einen reproduzierenden Kern, der zur Aufstellung der Resolventen herangezogen werden kann. Indessen stößt man bei der Diskussion der Formel für die Resolvente auf Schwierigkeiten, weil eine der Lösungen von $(\Omega-\lambda)f(z)=0$ bei $z=0$ einen logarithmischen Bestandteil enthält und deshalb sehr unhandlich ist. Wir werden ziemlich ausführlich darlegen, wie man ohne diese Lösung auskommt, und uns sonst möglichst kurz fassen.

Der Operator Ω ist hier gegeben durch

$$\Omega=\Omega_p=(1-z)\left(-z(1-z)\frac{d^2}{dz^2}-(p-l_1-l_2+1-(p+l_1-3l_2+1)z)\frac{d}{dz}\right.$$
$$\left.-2l_2(p+l_1-l_2)+\frac{(l_1-l_2)(1-l_1+l_2)}{1-z}\right). \tag{2.26}$$

Dabei sind p, l_1, $l_2 \in \mathbb{Z}$, $l_1>0$ und $l_2<0$.

Der Ansatz

$$\Omega_\beta=(1-z)^\beta\frac{1}{z-1}(\Omega-\lambda)(1-z)^{-\beta}$$

führt auf die Indexgleichung

$$\beta(\beta+1)-2(l_1-l_2)\beta-(l_1-l_2)(1-l_1+l_2)+\lambda=0, \tag{8.1}$$

und wir wählen die Lösung

$$\beta=t-1+l_1-l_2 \tag{8.2}$$

mit $t=\frac{1}{2}+\sqrt{\frac{1}{4}-\lambda}$, $\mathrm{Re}(t)>\frac{1}{2}$. Dann wird $\Omega_\beta f=0$ eine hypergeometrische Differentialgleichung mit

$$a=1-t-l_1-l_2, \quad b=1-t+p \quad \text{und} \quad c=p-l_1-l_2+1. \tag{8.3}$$

Dieses c ist eine ganze Zahl, auch $a-b$ ist ganz, und daher rühren die genannten Schwierigkeiten.

Für $c\geqq 1$, also für $p-l_1-l_2\geqq 0$, ist eine bei $z=0$ reguläre Lösung von $(\Omega-\lambda)f=0$ gegeben durch

$$f_1(z,t)=(1-z)^{1-t-l_1+l_2}F(1-t-l_1-l_2,1-t+p;p+1-l_1-l_2;z)$$
$$=(1-z)^{t-l_1+l_2}F(t-l_1-l_2,t+p;p+1-l_1-l_2;z). \tag{8.4}$$

Für $c\leqq 1$, also $p-l_1-l_2\leqq 0$, lautet die entsprechende Lösung

$$f_1(z,t)=(1-z)^{1-t-l_1+l_2}z^{-p+l_1+l_2}$$
$$\cdot F(1-t-p,1-t+l_1+l_2;1-p+l_1+l_2;z)$$
$$=(1-z)^{t-l_1+l_2}z^{-p+l_1+l_2}$$
$$\cdot F(t-p,t+l_1+l_2;1-p+l_1+l_2;z). \tag{8.5}$$

Jede andere Lösung enthält bei $z=0$ logarithmische Bestandteile.

Ein Fundamentalsystem zum Punkt $z=1$ ist gegeben durch

$$h_1(z,t)=(1-z)^{1-t-l_1+l_2}F(1-t-l_1-l_2,1-t+p;2-2t;1-z) \tag{8.6}$$

und

$$h_2(z,t)=(1-z)^{t-l_1+l_2}F(t+p,t-l_1-l_2;2t;1-z). \tag{8.7}$$

Die Funktionen h_1 und h_2 sind durch ihre Reihenentwicklung für $|1-z|<1$ definiert; wir definieren sie für $z\in\mathbb{C}\setminus(-1,0]$ durch analytische Fortsetzung.

Die Zusammenhangsformel lautet

$$f_1(z,t)=\Gamma_{1,1}(t)h_1(z,t)+\Gamma_{1,2}(t)h_2(z,t). \tag{8.8}$$

Dabei ist für $p-l_1-l_2\geqq 0$

$$\Gamma_{1,1}(t)=\frac{\Gamma(p-l_1-l_2+1)\Gamma(2t-1)}{\Gamma(t+p)\Gamma(t-l_1-l_2)} \quad\text{und}\quad \Gamma_{1,2}(t)=\Gamma_{1,1}(1-t), \tag{8.9}$$

für $p-l_1-l_2\leqq 0$ aber

$$\Gamma_{1,1}(t)=\frac{\Gamma(1-p+l_1+l_2)\Gamma(2t-1)}{\Gamma(t-p)\Gamma(t+l_1+l_2)} \quad\text{und}\quad \Gamma_{1,2}(t)=\Gamma_{1,1}(1-t). \tag{8.10}$$

Die Differentialgleichung für die Wronski-Determinante ergibt

$$W=Cz^{-p+l_1+l_2-1}(1-z)^{-2(l_1-l_2)}. \tag{8.11}$$

Für W_{h_1,h_2} läßt sich die Konstante durch $z\to 1$ bestimmen, es ergibt sich $C_{h_1,h_2}=1-2t$. Für W_{f_1,h_2} ergibt sich hieraus

$$W_{f_1,h_2}(z,t)=W(z,t)=(1-2t)\Gamma_{1,1}(t)z^{-p+l_1+l_2-1}(1-z)^{-2(l_1-l_2)}. \tag{8.12}$$

Der reproduzierende Kern lautet

$$\delta(z,w)=\sum_{n=\max(0,l_1+l_2-p)}^{\infty}\frac{z^n\,\overline{w}^n}{\mu_{p-l_1-l_2+n}(l_1)\,\mu_n(l_2)}. \tag{8.13}$$

Wir wollen nun zeigen, daß die Resolvente in diesem Fall durch eine ganz entsprechende Formel wie in §6 gegeben ist.

Satz 8.1. *Im Fall 7. $(l_1>0,l_2<0)$ ist die Resolvente für* $\mathrm{Re}(t)>\tfrac{1}{2}$, $t\neq 1,2,\dots,|p|$, *durch einen Integral-Operator gegeben. Es ist*

$$(\Omega-\lambda(t))^{-1}f(w)=\langle f,G(\cdot,w,\lambda(t))\rangle, \tag{8.14}$$

Dabei ist

$$G(z,w,\overline{\lambda(t)})=-f_1(z,t)\int_1^z\frac{\delta(z_1,w)h_2(z_1,t)}{W(z_1,t)a_0(z_1)}dz_1$$
$$+h_2(z,t)\int_0^z\frac{\delta(z_1,w)f_1(z_1,t)}{W(z_1,t)a_0(z_1)}dz_1. \tag{8.15}$$

Wir müssen uns zunächst überlegen, daß $G(z, w, \overline{\lambda(t)})$ wohldefiniert ist, das heißt, daß die Integrale konvergieren. Im ersten Integral ist für $z_1 \to 1$

$$\frac{\delta(z_1, w)\, h_2(z_1, t)}{W(z_1, t)\, a_0(z_1)} = O(1 - z_1)^{t + l_1 - l_2 - 2}, \tag{8.16}$$

und das Integral konvergiert für $\operatorname{Re}(t) > \frac{1}{2}$.

Im zweiten Integral ist für $z_1 \to 0$

$$\frac{\delta(z_1, w)\, f_1(z_1, t)}{W(z_1, t)\, a_0(z_1)} = O(z^{|p - l_1 - l_2|}), \tag{8.17}$$

also ist das Integral in jedem Fall konvergent.

Die Schwierigkeit des Beweises liegt darin, zu zeigen, daß $G(z, w, \overline{\lambda(t)})$ eine analytische Funktion von z ist. Dies ist mir durch direkte Rechnung nicht gelungen.

Andererseits ist $\overline{G(z, w, \overline{\lambda(t)})}$ eine analytische Funktion von w. Wir werden im folgenden zeigen:

1. $\overline{G(z, w, \overline{\lambda(t)})}$ liegt als Funktion von w im Hilbertraum H,

2. Es gilt $(\Omega_w - \overline{\lambda(t)})\, \overline{G(z, w, \overline{\lambda(t)})} = \overline{\delta(z, w)} = \delta(w, z)$

Hieraus folgt dann wie bei (6.24), daß

$$\overline{G(z, w, \overline{\lambda(t)})} = G(w, z, \lambda(t)) \tag{8.18}$$

ist, und Satz 8.1 wird bewiesen sein.

Der Beweis von 1. ist einfach. Wir schreiben

$$\overline{G(z, w, \overline{\lambda(t)})} = -\overline{f_1(z, t)} \int\limits_{\frac{1}{2}}^{z} \overline{\frac{\delta(z_1, w)\, h_2(z_1, t)}{W(z_1, t)\, a_0(z_1)}}\, dz_1$$

$$+\overline{f_1(z, t)} \int\limits_{\frac{1}{2}}^{1} \overline{\frac{\delta(z_1, w)\, h_2(z_1, t)}{W(z_1, t)\, a_0(z_1)}}\, dz_1$$

$$+\overline{h_2(z, t)} \int\limits_{0}^{z} \overline{\frac{\delta(z_1, w)\, f_1(z_1, t)}{W(z_1, t)\, a_0(z_1)}}\, dz_1. \tag{8.19}$$

Nun sind das erste und das dritte Integral für $w \in \overline{\mathfrak{C}}$ holomorphe Funktionen von w, diese liegen in H.

Für das zweite Integral verwenden wir (8.16):

$$\left| \frac{h_2(z_1, t)}{W(z_1, t)\, a_0(z_1)} \right| < C(1 - z_1)^{\operatorname{Re}(t) + l_1 - l_2 - 2}.$$

Jetzt tragen wir für $\delta(z_1, w)$ die unendliche Reihe ein, integrieren gliedweise und ziehen w^n aus den Integralen heraus. Dann gilt für die

Koeffizienten von w^n, die wir für den Augenblick a_n nennen,

$$|a_n| < C \frac{1}{\mu_{p-l_1-l_2+n}(l_1)\,\mu_n(l_2)} \int_{\frac{1}{2}}^{1} z^{p-l_1-l_2+n}(1-z)^{\mathrm{Re}(t)+l_1-l_2-2}\,dz. \tag{8.20}$$

Für große $n(n > -p+l_1+l_2)$ kann man von 0 bis 1 integrieren, das Beta-Integral auswerten und die Stirlingsche Formel anwenden. Dann ergibt sich

$$|a_n| < C_1\,n^{l_1-l_2-1-\mathrm{Re}(t)}. \tag{8.21}$$

Eine hinreichende Bedingung dafür, daß $\sum a_n z^n$ in H liegt, ist aber

$$|a_n|^2\,n^{2-2l_1+2l_2} \leqq C\,n^{-1-\varepsilon} \tag{8.22}$$

mit $\varepsilon > 0$. Damit ist 1. bewiesen.

Es bleibt zu zeigen, daß $\overline{G(z,w,\lambda(t))}$ der Differentialgleichung $(\Omega_w - \lambda(t))\,\overline{G(z,w,\lambda(t))} = \overline{\delta(z,w)}$ genügt.

Hierzu überlegt man sich zunächst, daß

$$\Omega_w\,\overline{\delta(z,w)} = \overline{\Omega_z\,\delta(z,w)} \tag{8.23}$$

gilt. Sei nämlich f eine in $\overline{\mathfrak{E}}$ analytische Funktion. Dann ist

$$\langle f, \Omega_z\,\delta(z,w)\rangle = \langle \Omega_z f, \delta(z,w)\rangle = \Omega_{w}f(w)$$
$$= \Omega_w \langle f, \delta(z,w)\rangle = \langle f, \overline{\Omega_w\,\delta(z,w)}\rangle, \tag{8.24}$$

da man im Skalarprodukt hier unter dem Integralzeichen differenzieren darf. Da die in $\overline{\mathfrak{E}}$ analytischen Funktionen f in H dicht liegen, folgt (8.23).

Somit ist

$$(\Omega_w - \overline{\lambda(t)})\,\overline{G(z,w,\overline{\lambda(t)})}$$
$$= -\overline{f_1(z,t)} \int_1^z \frac{\overline{(\Omega_{z_1}-\lambda(t))\,\delta(z_1,w)\,h_2(z_1,t)}}{W(z_1,t)\,a_0(z_1)}\,dz_1$$
$$+ \overline{h_2(z,t)} \int_0^z \frac{\overline{(\Omega_{z_1}-\lambda(t))\,\delta(z_1,w)\,f_1(z_1,t)}}{W(z_1,t)\,a_0(z_1)}\,dz_1. \tag{8.25}$$

Nun muß man die Differentiationen durch partielle Integration überschieben. Dann ergeben sich die folgenden Effekte: die verbleibenden Integrale verschwinden, da

$$\frac{\overline{h_2(z,t)}}{W(z_1,t)\,a_0(z_1)} \quad \text{und} \quad \frac{\overline{f_1(z_1,t)}}{W(z_1,t)\,a_0(z_1)}$$

von $\tilde{\Omega} - \lambda(t)$ annulliert werden. Die ausintegrierten Bestandteile bei z ergeben $\overline{\delta(z,w)}$, die bei 0 und 1 verschwinden, jedenfalls, wenn $\mathrm{Re}(t)$ genügend groß ist. Damit ist nach der Bemerkung auf S. 74 der Satz 8.1 für genügend großen $\mathrm{Re}(t)$ bewiesen. Für die anderen im Satz angegebenen Werte von t folgt die Aussage durch analytische Fortsetzung. Demnach wissen wir nun auch, daß $G(z,w,\lambda(t))$ in Wahrheit von z analytisch abhängt, auch für $z \in (-1,0]$. Man muß dabei nur in beiden Termen die Bestimmung des Wertes von h_2 auf dem gleichen Weg vornehmen. Nun müssen wir wieder rund ums Spektrum integrieren und die Integration ins Spektrum verschieben. Die Rechtfertigung dieses Grenzübergangs bietet keine neuen Schwierigkeiten. Die Umkehrformel lautet

$$f(z) = \frac{-1}{2\pi i} \int_W (\Omega - \lambda(t))^{-1} f(z)(1 - 2t)\, dt \tag{3.43}$$

und dies ist gleich

$$f(z) = \frac{-1}{2\pi i} \int_W \langle f, G(\cdot, z, \lambda(t)) \rangle (1 - 2t)\, dt$$

$$= \sum_{\substack{\mathrm{Res,}\ k > \frac{1}{2} \\ t = k}} (2t - 1)\langle f, G(\cdot, z, \lambda(t))\rangle$$

$$+ \frac{1}{2\pi i} \int_{\frac{1}{2} - i\infty}^{\frac{1}{2} + i\infty} (2t - 1)\langle f, G(\cdot, z, \lambda(t))\rangle\, dt. \tag{8.26}$$

Wir beginnen mit der Bestimmung der Residuen; dafür müssen wir wie früher die Residuen von $(2t - 1)\overline{G(z,w,\lambda(t))}$ bestimmen. Wir verwenden dabei die Tatsache, daß

$$\overline{G(z,w,\lambda(t))} = G(w, z, \overline{\lambda(t)})$$

ist, und für diese Funktion, mit w und z vertauscht, hatten wir ja in Satz 8.1, Formel (8.15), eine explizite Darstellung bestimmt. Wir wollen also die Residuen der durch (8.15) gegebenen Funktion bestimmen und dann w und z vertauschen. Die Residuen treten an den Nullstellen von $W(z,t)$ für $\mathrm{Re}(t) > \frac{1}{2}$ auf, und da

$$W(z,t) = (1 - 2t)\,\Gamma_{1,1}(t)\, z^{-p + l_1 + l_2 - 1}(1 - z)^{-2(l_1 - l_2)} \tag{8.12}$$

ist, sind dies gerade die Nullstellen von $\Gamma_{1,1}(t)$.

Dort ist

$$f_1(z,t) = \Gamma_{1,2}(t)\, h_2(z,t), \tag{8.27}$$

und demnach erhält man

$$\operatorname*{Res}_{t=k}\big((2\,t-1)\,G(z,w,\overline{\lambda(t)})\big)$$

$$=\operatorname*{Res}_{t=k}\left(\frac{1}{\Gamma_{1,1}(t)\,\Gamma_{1,2}(t)}\right)f_1(z,k)$$

$$\cdot\int_0^1 z_1^{p-l_1-l_2}(1-z_1)^{2(l_1-l_2-1)}\,\delta(z_1,w)\,f_1(z_1,k)\,dz_1. \qquad (8.28)$$

Für $p-l_1-l_2\geqq 0$ sind $\Gamma_{1,1}(t)$ und $\Gamma_{1,2}(t)$ durch (8.9), für $p-l_1-l_2\leqq 0$ durch (8.10) gegeben. Führt man zusätzlich die Fallunterscheidung $l_1+l_2\gtreqless 0$ durch, so erkennt man, daß die Residuen für $l_1+l_2\geqq 0$ nur bei $p>0$, für $l_1+l_2\leqq 0$ aber nur bei $p<0$ auftreten; sie liegen dann jeweils bei $t=k=1,2,\ldots,\min(|p|,|l_1+l_2|)$. Das verbleibende Integral ist ein Vielfaches von $\overline{f_1(w,k)}$, und sein Wert kann durch den Grenzübergang $w\to 0$ bestimmt werden. Für $p-l_1-l_2\geqq 0$ ist die Konstante gleich

$$\frac{1}{\mu_{p-l_1-l_2}(l_1)}\int_0^1 z_1^{p-l_1-l_2}(1-z_1)^{-t-1+l_1-l_2}$$

$$\cdot F(1-t-l_1-l_2;1-t+p;p+1-l_1-l_2;z_1)\,dz_1\big|_{t=k} \qquad (8.29)$$

für $p-l_1-l_2\leqq 0$ aber gleich

$$\frac{1}{\mu_{l_1+l_2-p}(l_2)}\int_0^1 z_1^{l_1+l_2-p}(1-z_1)^{-t-1+l_1-l_2}$$

$$\cdot F(1-t+l_1+l_2,1-t-p;1-p+l_1+l_2;z_1)\,dz_1\big|_{t=k}. \qquad (8.30)$$

Die Auswertung dieser Integrale geschieht nach der schon mehrfach angewandten Methode: Reihen-Entwicklung der hypergeometrischen Funktion, gliedweise Integration, Anwendung des Satzes von Gauß zur Auswertung der entstehenden hypergeometrischen Reihe.

Setzt man die Ergebnisse dieser Rechnungen zusammen, so ergibt sich

Lemma 8.1. *Die Funktion* $(2\,t-1)\,\overline{G(z,w,\lambda(t))}$ *hat für* $l_1+l_2\geqq 0$ *nur im Fall* $p>0$, *für* $l_1+l_2\leqq 0$ *nur im Fall* $p<0$ *Pole in* $\operatorname{Re}(t)>\tfrac12$. *Sie liegen bei* $t=k=1,2,\ldots,\min(|p|,|l_1+l_2|)$. *Die Residuen lauten für* $|p|\geqq|l_1+l_2|$

$$\operatorname*{Res}_{t=k}\big((2\,t-1)\,\overline{G(z,w,\lambda(t))}\big)$$

$$=\frac{2(2k-1)\,\Gamma(|p|+k)\,\Gamma(|p|+1-k)\,\Gamma(l_1+|l_2|+k-1)\,\Gamma(l_1+|l_2|-k)}{\Gamma(|l_1+l_2|+1-k)\,\Gamma(|l_1+l_2|+k)\,\Gamma(2l_1)\,\Gamma(2|l_2|)\,\Gamma^2(|p-l_1-l_2|+1)}$$

$$\cdot\overline{f_1(z,k)}\,f_2(w,k) \qquad (8.31)$$

und für $|p| \leqq |l_1 + l_2|$

$$\operatorname*{Res}_{t=k}((2t-1)\overline{G(z,w,\lambda(t))})$$

$$= \frac{2(2k-1)\Gamma(|l_1+l_2|+1-k)\Gamma(|l_1+l_2|+k)\Gamma(l_1+|l_2|+k-1)\Gamma(l_1+|l_2|-k)}{\Gamma(|p|+k)\Gamma(|p|+1-k)\Gamma(2l_1)\Gamma(2|l_2|)\Gamma^2(|p-l_1-l_2|+1)}$$

$$\cdot \overline{f_1(z,k)}\, f_2(w,k). \tag{8.32}$$

Die Bestimmung des anderen Anteils in (8.26) verläuft wieder wie früher: es ist

$$\frac{1}{2\pi i}\int_{\frac{1}{2}-i\infty}^{\frac{1}{2}+i\infty}(2t-1)\langle f, G(\cdot,w,\lambda(t))\rangle\, dt$$

$$= \frac{1}{2\pi i}\int_{\frac{1}{2}}^{\frac{1}{2}+i\infty}(2t-1)\langle f, G(\cdot,w,\lambda(t))-G(\cdot,w,\lambda(1-t))\rangle\, dt. \tag{8.33}$$

Dabei ist

$$G(z,w,\lambda(t))-G(z,w,\lambda(1-t))$$

$$= G(z,w,\overline{\lambda(1-t)})-G(z,w,\overline{\lambda(t)})$$

$$= \frac{f_1(z,t)}{(2t-1)\Gamma_{1,1}(t)\Gamma_{1,2}(t)}\int_0^1 \frac{\delta(z_1,w)f_1(z_1,t)}{z^{-p+l_1+l_2}(1-z)^{-2(l_1-l_2-1)}}\, dz_1$$

ein Vielfaches von $\overline{f_1(w,t)}$, und wir können wie vorher den Faktor durch den Grenzübergang $w\to 0$ bestimmen und das verbleibende Integral durch Reihenansatz und gliedweise Integration auswerten. Dann erhalten wir

Satz 8.2. *Im Fall 7. (diskret positiv $\otimes$ diskret negativ) lautet die zu Ω gehörende Spektralentwicklung einer in $\overline{\mathfrak{C}}$ analytischen Funktion f für* $p-l_1-l_2 \geqq 0$

$$f(z)=\sum_{\mathrm{Res}} + \frac{1}{\pi^2\Gamma(2l_1)\Gamma(|2l_2|)\Gamma^2(l_1+l_2-p+1)}$$

$$\cdot \frac{1}{i}\int_{\frac{1}{2}}^{\frac{1}{2}+i\infty}(2t-1)\cos\pi t\sin\pi t$$

$$\cdot |\Gamma(t-p)\Gamma(t+l_1+l_2)\Gamma(t-1+l_1-l_2)|^2\langle f,f_1(\cdot,t)\rangle f_1(z,t)\, dt,$$

und für $p-l_1-l_2 \leqq 0$

$$f(z)=\sum_{\mathrm{Res}} + \frac{1}{\pi^2\Gamma(2l_1)\Gamma(2|l_2|)\Gamma^2(p-l_1-l_2+1)}$$

$$\cdot \frac{1}{i}\int_{\frac{1}{2}}^{\frac{1}{2}+i\infty}(2t-1)\cos\pi t\sin\pi t$$

$$\cdot |\Gamma(t+p)\Gamma(t-l_1-l_2)\Gamma(t-1+l_1-l_2)|^2\langle f,f_1(\cdot,t)\rangle f_1(z,t)\, dt.$$

Dabei ist

$$\sum_{\mathrm{Res}} = \sum_{k}(2k-1)\big\langle f,\,\overline{\operatorname*{Res}_{t=k} G(\cdot,w,\lambda(t))}\big\rangle$$

und diese Residuen sind durch Lemma 8.1, Formel (8.31) bzw. (8.32) gegeben.

§9. Probe für die kontinuierlichen Spektralmaße durch Renormierung der Eigenfunktionen

Die Spektralmaße, die wir in den bisherigen Paragraphen bestimmt haben, sind aus recht komplizierten Rechnungen hervorgegangen. Es erscheint deshalb sinnvoll, sie durch eine Probe zu sichern.

Im diskreten Teil des Spektrums stehen dem keine grundsätzlichen Schwierigkeiten gegenüber. Hier sind die Eigenfunktionen ja Elemente des Hilbertraums, und es genügt, ihre Norm auszurechnen. Ein rechnerisch einfaches Verfahren hierzu wurde für den Fall 6., in dem nur diskretes Spektrum vorkam, ausgeführt, und dieses Verfahren geht für das diskrete Spektrum, soweit es zu Darstellungen der diskreten Serie gehört, in allen 7 Fällen durch.

Anders steht die Sache im kontinuierlichen Spektrum. Hier sind die Eigenfunktionen uneigentlich, sie liegen nicht im Hilbertraum, und ihnen kommt zunächst keine Norm zu. Deshalb werden wir ihnen im folgenden unter Verwendung der Ergebnisse des Paragraphen 4 durch einen Grenzprozeß eine Norm zuordnen, wir werden sie „renormieren". Die so definierte Norm wird uns übrigens in §10 die darstellungstheoretische Interpretation der Ergebnisse erleichtern. Jetzt ergibt die Renormierung zwar das Spektralmaß, aber sie gibt keine Auskunft über die Vollständigkeit des verwendeten Systems von Eigenfunktionen. Wir stecken also das Spektrum und seine Vielfachheit in die folgenden Rechnungen hinein. Wir setzen zusätzlich voraus, daß die positiv definite Spektralmatrix $(\sigma_{l,k}(t))$ stetig differenzierbar von t abhängt. Dies ist für uns keine wesentliche Einschränkung, da wir ja vor allem unsere Rechnungen prüfen und bestätigen wollen. Vermutlich würde es auch genügen, stetiges $\sigma_{l,\kappa}(t)$ vorauszusetzen. Dann könnte man die Bestimmung des Spektrums und seiner Vielfachheit mit anderen Methoden und die Renormierung zusammen als alternativen Weg zur Spektralzerlegung ansehen.

Wir haben in den vorangehenden Paragraphen die Umkehrformeln nur für dichte Teilräume der Hilberträume bewiesen, da das entscheidende Ziel die Bestimmung der Vielfachheiten und der Spektralmaße in der

Spektralzerlegung war. Durch den üblichen Approximationsprozeß gelten die Formeln für beliebige Hilbertraum-Elemente, wobei die Approximation durch Elemente aus dem dichten Teilraum zu erfolgen hat. Es ist aber leicht zu sehen, daß in Fällen, wo die Integrale für die Skalarprodukte absolut konvergieren, der Umweg über die Approximation nicht gegangen werden muß. Auch die zur Spektralzerlegung gehörende Parsevalformel ist in diesem Sinn für beliebige Hilbertraum-Elemente eine direkte Folge der Umkehrformel.

Wir beginnen mit den Fällen 1.−3., in denen beide Ausgangsdarstellungen der kontinuierlichen Serie angehören. Dies ist der weitaus komplizierteste Fall, da das kontinuierliche Spektrum hier zweifach ist.

Wir gehen davon aus, daß eine Spektralformel der Form

$$f(\zeta) = \sum_{k=1}^{|p|} \sigma_\iota(k) \langle f, f_\iota(\cdot, k) \rangle f_\iota(\zeta, k)$$
$$+ \int_{\frac{1}{2}}^{\frac{1}{2}+i\infty} \sum_{\iota,\kappa=1}^{2} \sigma_{\iota,\kappa}(t) \langle f, f_\iota(\cdot, t) \rangle f_\kappa(\zeta, t)(1-2t)\,dt \qquad (5.1)$$

besteht, und wir wollen hierin die $\sigma_{\iota,\kappa}(t)$ bestimmen, von denen wir voraussetzen, daß sie stetig differenzierbar sind. Zu dieser Umkehrformel gehört die Parsevalformel

$$\langle f, h \rangle = \sum_{k=1}^{|p|} \sigma_\iota(k) \langle f, f_\iota(\cdot, k) \rangle \overline{\langle h, f_\iota(\cdot, k) \rangle}$$
$$+ \int_{\frac{1}{2}}^{\frac{1}{2}+i\infty} \sum_{\iota,\kappa=1}^{2} \sigma_{\iota,\kappa}(t) \langle f, f_\iota(\cdot, t) \rangle \overline{\langle h, f_\kappa(\cdot, t) \rangle}\,(1-2t)\,dt. \qquad (9.1)$$

Unser Plan für die Renormierung besteht darin, die Eigenfunktionen im Spektrum durch Integration über ein kleines Stück zu „verschmieren", die Skalarprodukte der „verschmierten" Funktionen zu bilden, durch die Intervallänge zu dividieren und diese dann gegen 0 gehen zu lassen (nach der Intervallänge zu differenzieren).

Wir definieren also

$$f^{(\iota)}(\zeta, t_0, \varepsilon) = \int_{t_0}^{t_0+i\varepsilon} f_\iota(\zeta, t)(1-2t)\,dt, \qquad (\iota=1,2). \qquad (9.2)$$

Dies können wir als Spektraldarstellung von $f^{(\iota)}(\zeta)$ auffassen, da diese Funktion im Hilbertraum liegt. Die Skalarprodukte $\langle f^{(\iota)}, f_\kappa(\cdot, t) \rangle$ sind dabei möglicherweise durch einen Approximationsprozeß für $f^{(\iota)}(\zeta, t_0, \varepsilon)$ zu definieren. Die Eindeutigkeit der Spektraldarstellung liefert für $\mathrm{Im}(t_0) < \mathrm{Im}(t) < \mathrm{Im}(t_0) + \varepsilon$ das Gleichungssystem

$$\sum_{\kappa=1}^{2} \langle f^{(\iota)}, f_\kappa(\cdot, t) \rangle \sigma_{\kappa,v}(t) = \delta_{\iota,v}. \qquad (9.3)$$

Außerhalb des Intervalls $\operatorname{Im}(t_0) \leqq \operatorname{Im}(t) \leqq \operatorname{Im}(t_0) + \varepsilon$ ist $\langle f^{(\iota)}, f_\kappa \rangle = 0$. Nun bilden wir das Skalarprodukt $\langle f^{(\iota)}, f^{(\kappa)} \rangle$. Nach der Parsevalformel ist

$$\langle f^{(\iota)}(\cdot, t_0, \varepsilon), f^{(\kappa)}(\cdot, t_0, \varepsilon) \rangle$$

$$= \int_{t_0}^{t_0 + i\varepsilon} \sum_{\mu, \nu = 1}^{2} \langle f^{(\iota)}(\cdot, t_0, \varepsilon), f_\mu(\cdot, t) \rangle \overline{\langle f^{(\kappa)}(\cdot, t_0, \varepsilon), f_\nu(\cdot, t) \rangle}$$

$$\cdot \, \sigma_{\mu, \nu}(t)(1 - 2t) \, dt, \tag{9.4}$$

und wegen (9.3) ist dies gleich

$$\langle f^{(\iota)}, f^{(\kappa)} \rangle = \int_{t_0}^{t_0 + i\varepsilon} \overline{\langle f^{(\kappa)}(\cdot, t_0, \varepsilon), f_\iota(\cdot, t) \rangle} (1 - 2t) \, dt. \tag{9.5}$$

Jetzt dividieren wir durch ε und lassen $\varepsilon \to 0$ gehen. Wenn dieser Grenzwert existiert, was wir zeigen werden, so ist er nach dem Hauptsatz der Differential- und Integralrechnung gleich dem von

$$\overline{\langle f^{(\kappa)}(\cdot, t_0, \varepsilon), f_\iota(\cdot, t) \rangle} \, |1 - 2t| \quad \text{für} \quad \varepsilon \to 0, \; t \to t_0.$$

Bei der Bildung dieses Grenzwerts muß natürlich immer noch $\operatorname{Im}(t_0) < \operatorname{Im}(t) < \operatorname{Im}(t_0) + \varepsilon$ gelten. Wegen (9.3) existiert dieser 2. Grenzwert, und $\sigma_{\iota,\kappa}(t_0)$ läßt sich daraus bestimmen. Wir haben also

Lemma 9.1. *Sei mit den Bezeichnungen von (9.2)*

$$\{f_\iota, f_\kappa\}(t) = \lim_{\varepsilon \to 0} \frac{1}{\varepsilon} \langle f^{(\iota)}(\cdot, t, \varepsilon), f^{(\kappa)}(\cdot, t, \varepsilon) \rangle. \tag{9.6}$$

Dann ist für alle t im kontinuierlichen Spektrum

$$i(1 - 2t)(\{f_\iota, f_\kappa\}(t))^{-1} = \sigma_{\iota, \kappa}(t).$$

Es bleibt die Bestimmung der renormierten Skalarprodukte $\{f_\iota, f_\kappa\}$. Hierfür greifen wir intensiv auf die Ergebnisse in §4 zurück, wie sie in Satz 4.1 zusammengefaßt wurden. Dort wurde gezeigt, daß es nur auf die bei $\zeta = 1$ singulären Bestandteile der eingehenden Funktionen ankommt. Diese singulären Bestandteile bestimmen sich in bekannter Weise aus den Zusammenhangsformeln der hypergeometrischen Funktion; dabei muß man allerdings zum Punkt $\zeta = 1$ ein geeignetes Fundamentalsystem verwenden, das nicht mit dem System $h_1(\zeta, t)$, $h_2(\zeta, t)$ aus §3 identisch ist, sondern dem in §6 gewählten entspricht. Man erhält dann

$$f_1(\zeta, t) = \alpha_{1,1}(t) e^{\pi i s_1} (-\zeta)^{s_1} (1 - \zeta)^{1 - t - s_1 - s_2} + O((1 - \zeta)^{2 - t - s_1 - s_2})$$

$$+ \alpha_{1,2}(t) e^{\pi i s_1} (-\zeta)^{s_1} (1 - \zeta)^{t - s_1 - s_2} + O((1 - \zeta)^{t + 1 - s_1 - s_2}) \tag{9.7}$$

und

$$f_2(\zeta,t) = \alpha_{2,1}(t)\,e^{\pi i(s_2+p)}(-\zeta)^{s_2+p}$$
$$\cdot(1-\zeta)^{1-t-s_1-s_2} + O((1-\zeta)^{2-t-s_1-s_2})$$
$$+\alpha_{2,2}(t)\,e^{\pi i(s_2+p)}(-\zeta)^{s_2+p}$$
$$\cdot(1-\zeta)^{t-s_1-s_2} + O((1-\zeta)^{t+1-s_1-s_2}) \tag{9.8}$$

mit

$$\alpha_{1,1}(t) = \frac{\Gamma(1+s_1-s_2-p)\,\Gamma(2t-1)}{\Gamma(t-p)\,\Gamma(t+s_1-s_2)}, \qquad \alpha_{1,2}(t)=\alpha_{1,1}(1-t) \tag{9.9}$$

und

$$\alpha_{2,1}(t) = \frac{\Gamma(1-s_1+s_2+p)\,\Gamma(2t-1)}{\Gamma(t+p)\,\Gamma(t-s_1+s_2)}, \qquad \alpha_{2,2}(t)=\alpha_{2,1}(1-t). \tag{9.10}$$

Für Fall 1., in dem das Skalarprodukt durch ein Linien-Integral gegeben ist, könnten wir $\{f_\iota, f_\kappa\}(t)$ nach dem 1. Teil von Satz 4.1 berechnen, ohne zur Fourier-Entwicklung überzugehen. Für die anderen Fälle müssen wir aber doch die Fourier-Entwicklung benützen, und deshalb begnügen wir uns damit, diesen Weg hier zu beschreiben.

Für die in (9.7) und (9.8) angegebenen singulären Terme von f_1 und f_2 müssen wir jetzt die dominierenden Terme der Fourier-Entwicklungen berechnen. Die entsprechende Integration wurde in §3 bereits durchgeführt, das Ergebnis steht in den Formeln (3.31) und (3.32), und wir müssen nur α und β durch die entsprechenden Größen in (9.7) und (9.8) ersetzen. Wir bezeichnen den dann vor der $(-n)$-Potenz in (3.31) stehenden Faktor mit $\beta_{\iota,\kappa,-}(t)$ und den in (3.32) vor der n-Potenz stehenden Faktor mit $\beta_{\iota,\kappa,+}(t)$, wobei ι,κ die Indices des zugehörigen $\alpha_{\iota,\kappa}(t)$ aus (9.7) oder (9.8) sind. Dann ist also etwa

$$\alpha_{1,1}(t)\,e^{\pi i s_1}(-\zeta)^{s_1}(1-\zeta)^{1-t-s_1-s_2}$$
$$=\alpha_{1,1}(t)\left\{a_0(t)+\beta_{1,1,-}(t)\right.$$
$$\cdot\sum_{n=-1}^{-\infty}\left((-n)^{t+s_1+s_2-2}+O((-n)^{t+s_1+s_2-3})\right)\zeta^n$$
$$\left.+\beta_{1,1,+}(t)\sum_{n=1}^{\infty}\left(n^{t+s_1+s_2-2}+O(n^{t+s_1+s_2-3})\right)\zeta^n\right\}. \tag{9.11}$$

Die $\beta_{\iota,\kappa,\pm}(t)$ sind dann durch die folgende Tabelle gegeben:

$$\beta_{1,1,+}(t) = -\frac{1}{\pi}\,e^{\pi i s_1}\sin\pi(1-t-s_2)\,\Gamma(2-t-s_1-s_2),$$

$$\beta_{1,1,-}(t) = \frac{1}{\pi}\,e^{\pi i s_1}\sin\pi s_1\,\Gamma(2-t-s_1-s_2),$$

$$\beta_{1,2,+}(t) = -\frac{1}{\pi}\,e^{\pi i s_1}\sin\pi(t-s_2)\,\Gamma(1+t-s_1-s_2),$$

$$\beta_{1,2,-}(t) = \frac{1}{\pi}\,e^{\pi i s_1}\sin\pi s_1\,\Gamma(1+t-s_1-s_2),$$

$$\beta_{2,1,+}(t) = -\frac{1}{\pi}\,e^{\pi i s_2}\sin\pi(1-t-s_1)\,\Gamma(2-t-s_1-s_2),$$

$$\beta_{2,1,-}(t) = \frac{1}{\pi}\,e^{\pi i s_2}\sin\pi s_2\,\Gamma(2-t-s_1-s_2),$$

$$\beta_{2,2,+}(t) = -\frac{1}{\pi}\,e^{\pi i s_2}\sin\pi(t-s_1)\,\Gamma(1+t-s_1-s_2),$$

$$\beta_{2,2,-}(t) = \frac{1}{\pi}\,e^{\pi i s_2}\sin\pi s_2\,\Gamma(1+t-s_1-s_2). \tag{9.12}$$

Für die Berechnung des renormierten Skalarproduktes $\{f_\iota,f_\kappa\}(t)$ können wir nun direkt Satz 4.1 anwenden, zusammen mit unserer Kenntnis des asymptotischen Verhaltens von $\mu_m(s)$ für $|m|\to\infty$. Wir wissen ja, daß die gemischten Terme wegfallen, und daß wir analytische Faktoren aus den Integralen und den unendlichen Summen herausziehen dürfen. Somit ist

$$\{f_\iota,f_\kappa\}(t) = \pi\,|1-2t|^2 \left|\frac{\Gamma(s_1)}{\Gamma(1-s_1)}\right|\left|\frac{\Gamma(s_2)}{\Gamma(1-s_2)}\right|$$
$$\cdot \sum_{\mu,\pm} \alpha_{\iota,\mu}(t)\,\beta_{\iota,\mu,\pm}(t)\,\overline{\alpha_{\kappa,\mu}(t)\,\beta_{\kappa,\mu,\pm}(t)}. \tag{9.13}$$

Diese Summe ist für $\iota,\kappa=1,2$ auszuwerten.

Dabei muß man leider die Fälle 1.–3. wieder trennen, da die Formeln durch die Konjugationen verschieden aussehen. Allerdings kann man andere Symmetrien ausnützen, etwa $\beta_{\iota,2,\pm}(t)=\beta_{\iota,1,\pm}(1-t)$, und daß die Matrix $(\{f_\iota,f_\kappa\}(t))$ hermitesch ist. Trotzdem ist die Rechnung ziemlich umfangreich, und wir werden sie hier nicht im einzelnen reproduzieren. Die Rechnung enthält außer der Anwendung einiger Formeln für trigonometrische Funktionen nichts Wesentliches, was nicht ähnlich in dieser Arbeit schon vorgekommen wäre.

Wir fassen die Ergebnisse zusammen:

Satz 9.1. *Die renormierten Skalarprodukte der Eigenfunktionen im kontinuierlichen Spektrum lauten in den Fällen 1.−3. wie folgt:*

Fall 1. Es ist

$$\{f_1,f_1\}(t)=\frac{(1-2t)\sin\pi(t+s_1-s_2)\sin\pi(t-s_1+s_2)\,e^{\pi i(2s_1-1)}}{\sin\pi t\cos\pi t}$$

$$\cdot\left|\frac{\Gamma(1+s_1-s_2-p)}{\Gamma(t-p)}\right|^2, \tag{9.14}$$

$$\{f_1,f_2\}(t)=\frac{(1-2t)\,e^{\pi i(s_1+s_2-1)}\tan\pi t\,(-1)^p}{\Gamma(t+s_1-s_2)\,\Gamma(1-t+s_1-s_2)}$$

$$\cdot\Gamma(1+s_1-s_2-p)\,\Gamma(1+s_1-s_2+p), \tag{9.15}$$

$$\{f_2,f_1\}(t)=\overline{\{f_1,f_2\}(t)} \tag{9.16}$$

und

$$\{f_2,f_2\}(t)=\frac{(1-2t)\sin\pi(t+s_1-s_2)\sin\pi(t-s_1+s_2)\,e^{\pi i(2s_2-1)}}{\sin\pi t\cos\pi t}$$

$$\cdot\left|\frac{\Gamma(1-s_1+s_2+p)}{\Gamma(t+p)}\right|^2. \tag{9.17}$$

Fall 2. Es ist

$$\{f_1,f_1\}(t)=\frac{\Gamma(s_1)(1-2t)\pi^2}{\Gamma(1-s_1)\sin\pi t\cos\pi t\,|\Gamma(t+s_1-s_2)\,\Gamma(1-t+s_1-s_2)|^2}$$

$$\cdot\left|\frac{\Gamma(1+s_1-s_2-p)}{\Gamma(t-p)}\right|^2, \tag{9.18}$$

$$\{f_1,f_2\}(t)=\frac{\Gamma(s_1)(1-2t)\,e^{\pi i(s_1+s_2-1)}\tan\pi t\,(-1)^p}{\Gamma(1-s_1)\,\Gamma(1-t+s_1-s_2)\,\Gamma(t+s_1-s_2)}$$

$$\cdot\Gamma(1+s_1-s_2-p)\,\Gamma(2-s_1-s_2+p), \tag{9.19}$$

$$\{f_2,f_1\}(t)=\overline{\{f_1,f_2\}(t)} \tag{9.20}$$

und

$$\{f_2,f_2\}(t)=\frac{\Gamma(s_1)(1-2t)\,e^{\pi i(2s_2-1)}(\sin^2\pi t-\sin^2\pi s_1+\sin^2\pi s_2)}{\Gamma(1-s_1)\sin\pi t\cos\pi t}$$

$$\cdot\left|\frac{\Gamma(1-s_1+s_2+p)}{\Gamma(t+p)}\right|^2. \tag{9.21}$$

Fall 3. Es ist

$$\{f_1,f_1\}(t)=\frac{\Gamma(s_1)\Gamma(s_2)(1-2t)(\sin^2\pi t+\sin^2\pi s_1-\sin^2\pi s_2)}{\Gamma(1-s_1)\Gamma(1-s_2)\sin\pi t\cos\pi t}$$

$$\cdot\left|\frac{\Gamma(1+t-s_1-s_2)\Gamma(1+s_1-s_2-p)}{\Gamma(t+s_1-s_2)\Gamma(t-p)}\right|^2, \tag{9.22}$$

$$\{f_1,f_2\}(t)=\frac{\Gamma(s_1)\Gamma(s_2)(1-2t)\tan\pi t\sin\pi(t+s_1-s_2)\sin\pi(t-s_1+s_2)}{\Gamma(1-s_1)\Gamma(1-s_2)\pi\sin\pi(s_1-s_2)}$$

$$\cdot(s_1-s_2-p)\,|\Gamma(1+t-s_1-s_2)|^2, \tag{9.23}$$

$$\{f_2,f_1\}(t)=\overline{\{f_1,f_2\}(t)} \tag{9.24}$$

und

$$\{f_2,f_2\}(t)=\frac{\Gamma(s_1)\Gamma(s_2)(1-2t)(\sin^2\pi t-\sin^2\pi s_1+\sin^2\pi s_2)}{\Gamma(1-s_1)\Gamma(1-s_2)\sin\pi t\cos\pi t}$$

$$\cdot\left|\frac{\Gamma(1+t-s_1-s_2)\Gamma(1-s_1+s_2+p)}{\Gamma(t-s_1+s_2)\Gamma(t+p)}\right|^2. \tag{9.25}$$

Die Inversion der Matrix $\{f_\iota,f_\kappa\}(t)$ liefert jeweils die Spektralmatrix $(\sigma_{\iota,\kappa}(t))$, und die in §5 gewonnenen Ergebnisse sind bestätigt.

In den anderen Fällen ist die Rechnung wesentlich einfacher, da das kontinuierliche Spektrum einfach ist.

In den Fällen 4. und 5. müssen wir die Funktion $f_1(z,t)$ aus (6.7) renormieren. Hier können wir die singulären Bestandteile aus der Zusammenhangsformel (6.12) bestimmen; wir haben für $z\to 1$

$$f_1(z,t)=\Gamma_{1,1}(t)(1-z)^{1-t-l-s}+O((1-z)^{2-t-l-s})$$

$$+\Gamma_{1,2}(t)(1-z)^{t-l-s}+O((1-z)^{t+1-l-s}), \tag{9.26}$$

mit $\Gamma_{1,1}(t)$ und $\Gamma_{1,2}(t)$ aus (6.14).

Das Skalarprodukt ist gegeben durch

$$\langle z^n,z^m\rangle=\delta_{n,m}\,\mu_m(l)\,\mu_{p-l-m}(s)$$

$$=\Gamma(2l)\left|\frac{\Gamma(s)}{\Gamma(1-s)}\right|m^{2-2l-2\operatorname{Re}(s)}+O(m^{1-2l-2\operatorname{Re}(s)}). \tag{9.27}$$

Nun ist

$$(1-z)^{1-t-l-s}=\frac{1}{\Gamma(t-1+l+s)}\sum_{n=0}^{\infty}(n^{t+l+s-2}+O(n^{t+l+s-3}))\,z^n \tag{9.28}$$

und

$$(1-z)^{t-l-s} = \frac{1}{\Gamma(-t+l+s)} \sum_{n=0}^{\infty} (n^{-t+l+s-1} + O(n^{-t+l+s-2}))\, z^n. \quad (9.29)$$

Wir nehmen wieder an, daß eine Darstellung der Art

$$f(z) = \sum_{\text{Res}} + \int_{\frac{1}{2}}^{\frac{1}{2}+i\infty} \langle f, f_1(\cdot, t)\rangle f_1(z, t)\, \sigma(t)(1-2t)\, dt \quad (9.30)$$

gilt, zusammen mit der entsprechenden Parseval-Formel, und wir wenden dies an auf

$$f^{(1)}(z, t_0, \varepsilon) = \int_{t_0}^{t_0+i\varepsilon} f_1(z, t)(1-2t)\, dt. \quad (9.31)$$

Definiert man dann

$$\{f_1, f_1\}(t) = \lim_{\varepsilon \to 0} \frac{1}{\varepsilon} \langle f^{(1)}(\cdot, t, \varepsilon), f^{(1)}(\cdot, t, \varepsilon)\rangle, \quad (9.32)$$

so erhält man

$$\sigma(t) = \frac{i(1-2t)}{\{f_1, f_1\}(t)}. \quad (9.33)$$

Da die Reihen-Entwicklungen der dominierenden Terme durch die allgemeine Binomialreihe gegeben und das asymptotische Verhalten der Koeffizienten durch die Stirlingsche Formel bekannt ist, können wir wieder Satz 4.1 anwenden und erhalten

$$\{f_1, f_1\}(t) = \pi\, |1-2t|^2\, \Gamma(2l) \left| \frac{\Gamma(s)}{\Gamma(1-s)} \right|$$
$$\cdot \left(\left| \frac{\Gamma_{1,1}(t)}{\Gamma(t-1+l+s)} \right|^2 + \left| \frac{\Gamma_{1,2}(t)}{\Gamma(-t+l+s)} \right|^2 \right). \quad (9.34)$$

Hier setzt man $\Gamma_{1,1}$ und $\Gamma_{1,2}$ aus (6.14) ein, und eine kurze Rechnung liefert

$$\{f_1, f_1\}(t) = \left| \frac{\Gamma(s)}{\Gamma(1-s)} \right| \frac{\pi^2\, \Gamma(2l)(1-2t)}{\sin \pi t \cos \pi t\, |\Gamma(t+l-s)\, \Gamma(t+l+s-1)|^2}$$
$$\cdot \left| \frac{\Gamma(1+l-s-p)}{\Gamma(t-p)} \right|^2. \quad (9.35)$$

Wiederum bestätigt die Inversion das in §6, Formel (6.47), berechnete Spektralmaß.

Im Fall 7. verläuft die Rechnung ganz entsprechend; die Funktion f_1 ist durch (8.4) bzw. (8.5) gegeben, die Zusammenhangsformel ist (8.8), und man erhält in jedem Fall

$$\{f_1,f_1\}(t) = \pi\,\Gamma(2l_1)\,\Gamma(-2l_2)\,|1-2t|^2$$
$$\cdot\left(\left|\frac{\Gamma_{1,1}(t)}{\Gamma(t-1+l_1-l_2)}\right|^2 + \left|\frac{\Gamma_{1,2}(t)}{\Gamma(-t+l_1-l_2)}\right|^2\right). \tag{9.36}$$

Dies ergibt im Fall $p-l_1-l_2 \geqq 0$

$$\{f_1,f_1\}(t) = \frac{\pi^2(1-2t)\,\Gamma(2l_1)\,\Gamma(-2l_2)}{\sin\pi t\,\cos\pi t\,|\Gamma(t-l_1-l_2)\,\Gamma(t-1+l_1-l_2)|^2}$$
$$\cdot\left|\frac{\Gamma(p-l_1-l_2+1)}{\Gamma(t+p)}\right|^2 \tag{9.37}$$

und im Fall $p-l_1-l_2 \leqq 0$

$$\{f_1,f_1\}(t) = \frac{\pi^2(1-2t)\,\Gamma(2l_1)\,\Gamma(-2l_2)}{\sin\pi t\,\cos\pi t\,|\Gamma(t+l_1+l_2)\,\Gamma(t-1+l_1-l_2)|^2}$$
$$\cdot\left|\frac{\Gamma(1-p+l_1+l_2)}{\Gamma(t-p)}\right|^2. \tag{9.38}$$

Auch hier erhält man das in §8 bestimmte Spektralmaß wieder.

§10. Darstellungstheoretische Interpretation der Ergebnisse und Übergang zu Darstellungs-Koeffizienten

Wir haben in den vorhergehenden Paragraphen Spektral-Entwicklungen zu gewissen gewöhnlichen Differential-Operatoren hergeleitet, haben dabei aber nur in §7 auf die darstellungstheoretische Herkunft der Differentialgleichungen zurückgegriffen. Nun wollen wir noch erläutern, in welchem Sinn unsere Ergebnisse tatsächlich eine Zerfällung der Kronecker-Produkt-Darstellung in irreduzible Darstellungen bedeuten.

Wir dfassen zu diesem Zweck alle zu einem festen Eigenwert λ, aber zu verschiedenen p gehörenden Eigenfunktionen von Ω zusammen. Unsere Hoffnung ist, daß wir diese Menge von Eigenfunktionen als Erzeugendensystem eines Hilbertraums verwenden können, und daß dieser Hilbertraum sich dann als Darstellungsraum einer irreduziblen Darstellung oder einer Faktordarstellung, in der eine irreduzible Darstellung mit der Vielfachheit zwei steckt, herausstellt.

Charakterisiert der Eigenwert λ eine Darstellung der diskreten Serie, so ist das ganz einfach: die Eigenfunktionen sind dann quadratisch integrierbar und spannen jeweils einen Unterraum des Kronecker-Produkt-Darstellungs-Raumes auf. Dann muß man nur noch die Wirkung der infinitesimalen Operatoren W_+ und W_- mit der von V_+ und V_- in der entsprechenden irreduziblen Darstellung vergleichen, und man sieht, daß die Teildarstellung des Kronecker-Produkts zu einer irreduziblen Darstellung äquivalent ist.

Charakterisiert der Eigenwert λ dagegen eine Darstellung der kontinuierlichen Serie, so ist die Lage komplizierter, obgleich man im wesentlichen die gleichen Schritte auszuführen hat. Man ordnet den Eigenvektoren durch Renormierung eine Norm zu, betrachtet die hierdurch normierten Vektoren als Erzeugendensystem und vervollständigt bezüglich der neuen Norm. Die ursprüngliche Produktdarstellung wirkt auf diesem Raum, da er offensichtlich ein Teilraum des Dualraumes des Raumes der analytischen Vektoren ist. Die Wirkung der infinitesimalen Operatoren auf die Basis-Elemente charakterisiert eine solche Darstellung. Wir müssen also wieder nur prüfen, ob W_+ und W_- dieselbe Wirkung haben wie in der entsprechenden irreduziblen Darstellung. Dabei kommt es auf Faktoren vom Betrag 1 (Phasenfaktoren) nicht an. Wir führen die Rechnung hier nur für die Fälle 1.–3. vor, da sie in den anderen Fällen ganz entsprechend verläuft.

Zunächst berechnen wir die Wirkung von V_+ und V_- in den irreduziblen Darstellungen der kontinuierlichen Serie, angewandt auf normierte K-Eigenvektoren.

Hier haben wir, wenn der Darstellungsparameter t ist,

$$V_+ = -\frac{d}{d\zeta} + t\,\zeta^{-1} \tag{10.1}$$

und

$$V_- = \zeta^2 \frac{d}{d\zeta} + t\,\zeta. \tag{10.2}$$

Der normierte K-Eigenvektor vom Gewicht n ist

$$f_n(\zeta) = (\mu_n(t))^{-\frac{1}{2}}\,\zeta^n, \tag{10.3}$$

mit $\mu_n(t)$ aus (1.8), bzw. $\mu_n(t)=1$ für $\mathrm{Re}(t)=\frac{1}{2}$. Somit ist für $\mathrm{Re}(t)=\frac{1}{2}$

$$(V_+ f_n)(\zeta) = (t-n)f_{n-1}(\zeta) \tag{10.4}$$

und

$$(V_- f_n)(\zeta) = (t+n)f_{n+1}(\zeta), \tag{10.5}$$

für $\frac{1}{2} < t < 1$ aber ist

$$(V_+ f_n)(\zeta) = ((n+t-1)(n-t))^{\frac{1}{2}} f_{n-1}(\zeta) \tag{10.6}$$

und

$$(V_- f_n)(\zeta) = ((n-t+1)(n+t))^{\frac{1}{2}} f_{n+1}(\zeta). \tag{10.7}$$

Die Formeln in der ergänzenden Serie benötigen wir nur da, wo diese in der Zerlegung vorkommt, also für $t_0 = s_1 + s_2 - 1 > \frac{1}{2}$. Die entsprechenden Operatoren $W_+^{s_1,s_2}$ und $W_-^{s_1,s_2}$ sind durch (2.7) und (2.8) gegeben. Setzt man

$$f_{i,p}(\zeta, \xi, t) = \xi^p f_i(\zeta, t), \quad i = 1, 2, \tag{10.8}$$

wobei $f_i(\zeta, t)$ ja in Wahrheit von p abhängt, so ergibt sich

$$(W_+ f_{1,p})(\zeta, \xi, t) = \frac{(1-t-p)(t-p)}{1+s_1-s_2-p} f_{1,p-1}(\zeta, \xi, t) \tag{10.9}$$

und

$$(W_- f_{1,p})(\zeta, \xi, t) = (-s_1 + s_2 + p) f_{1,p+1}(\zeta, \xi, t). \tag{10.10}$$

Ebenso erhält man

$$(W_+ f_{2,p})(\zeta, \xi, t) = (s_1 - s_2 - p) f_{2,p-1}(\zeta, \xi, t) \tag{10.11}$$

und

$$(W_- f_{2,p})(\zeta, \xi, t) = \frac{(1-t+p)(t+p)}{1-s_1+s_2+p} f_{2,p+1}(\zeta, \xi, t). \tag{10.12}$$

(Für diese Rechnungen genügt es, das dominierende Verhalten für $\zeta \to 0$ zu untersuchen.)

Nun müssen wir aber die Wirkung von W_+ und W_- auf die renormierten Eigenfunktionen vom Gewicht p berechnen. Um die richtigen Phasenfaktoren zu bekommen, gehen wir den anderen Weg, definieren die renormierten Eigenvektoren vom Gewicht $p \neq 0$ rekursiv durch die infinitesimalen Operatoren, und verifizieren nachträglich, daß sie die Norm 1 haben.

Sei also für $p \in \mathbb{Z}$, $i = 1, 2$, $\mathrm{Re}(t) = \frac{1}{2}$, $t \neq \frac{1}{2}$

$$_r f_{i,p}(\zeta, \xi, t) = (\{f_i, f_i\}(t))^{-\frac{1}{2}} f_{i,p}(\zeta, \xi, t), \quad (p=0), \tag{10.13}$$

$$_r f_{i,p+1}(\zeta, \xi, t) = \frac{1}{t+p}(W_-(_r f_{i,p}))(\zeta, \xi, t), \quad (p \geqq 0) \tag{10.14}$$

und

$$_r f_{i,p-1}(\zeta, \xi, t) = \frac{1}{t-p}(W_+(_r f_{i,p}))(\zeta, \xi, t), \quad (p \leqq 0). \tag{10.15}$$

Dann gilt

Satz 10.1. *Die in (10.13), (10.14) und (10.15) definierten Vektoren sind bezüglich der Norm $\{\,,\,\}(t)$ alle von der Norm 1. Sie spannen eine Darstel-*

lung auf, die zur direkten Summe zweier Darstellungen der Hauptserie zum Parameter t äquivalent ist.

Daß die infinitesimalen Operatoren dieselbe Wirkung haben wie in der entsprechenden Darstellung der Hauptserie, sieht man induktiv durch Vergleich mit den normierten Skalarprodukten in (9.14)−(9.25). Eine beliebige Orthonormalisierung der Eigenvektoren vom Gewicht 0 ergibt eine Orthonormalisierung der Eigenvektoren zu beliebigem Gewicht, wenn man W_+ und W_- anwendet; dies sieht man an der Gestalt der gemischten Terme in den renormierten Skalarprodukten. Damit ist dann die direkte Summenzerlegung geleistet, und Satz 10.1 ist bewiesen.

Für die anderen Fälle verläuft die Rechnung ganz ähnlich, ist aber einfacher, da keine doppelten Spektren mehr vorkommen. Die Renormierung der uneigentlichen Eigenvektoren ist in §9 gegeben, die Wirkung von W_+ und W_- läßt sich durch explizite Differentiation bestimmen, und der Vergleich mit der Wirkung von V_+ und V_- liefert das Ergebnis.

Eine Bemerkung über den Fall scheint angebracht, wo die ergänzende Serie mit einem Eigenwert im diskreten Spektrum auftritt. Hier ist ja die Eigenfunktion vom Gewicht p

$$f_p(\zeta, \xi, s_1 + s_2 - 1) = \xi^p \, \delta(\zeta), \tag{10.16}$$

und wir haben

$$W_+ f_p = (s_1 + s_2 - 1 - p) f_{p-1} \tag{10.17}$$

und

$$W_- f_p = (s_1 + s_2 - 1 + p) f_{p+1}. \tag{10.18}$$

Weiter ist

$$_p\langle \delta, \delta \rangle = \sum_{m=-\infty}^{\infty} \mu_m(s_1) \, \mu_{p-m}(s_2), \tag{10.19}$$

und der Vergleich von (10.17), (10.19) und (10.6) ergibt

$$\frac{p + s_1 + s_2 - 2}{p - s_1 - s_2 + 1} = \frac{\displaystyle\sum_{m=-\infty}^{\infty} \mu_m(s_1) \, \mu_{p-1-m}(s_2)}{\displaystyle\sum_{m=-\infty}^{\infty} \mu_m(s_1) \, \mu_{p-m}(s_2)}. \tag{10.20}$$

Diese Formel erscheint mir bemerkenswert, da mir ein direkter Beweis dafür, ohne Rückgriff auf Darstellungstheorie, nicht gelungen ist.

Da nun die Umkehrformeln in §5 als Zerlegungen in Darstellungen interpretiert sind, kann aus den entsprechenden Parsevalformeln eine Zerlegung für die Darstellungskoeffizienten hergeleitet werden. Wir nehmen also die Funktionen

$$h_{m,p}(\zeta_1, \zeta_2) = (\mu_m(s_1) \, \mu_{p-m}(s_2))^{-\frac{1}{2}} \, \zeta_1^m \, \zeta_2^{p-m} \tag{10.21}$$

und bilden

$$\langle W_g^{s_1,s_2} h_{m,p}, h_{m,p}\rangle_{s_1,s_2}. \tag{10.22}$$

Nach der Definition dieses Skalarprodukts ist

$$\langle W_g^{s_1,s_2} h_{m,p}, h_{m,p}\rangle_{s_1,s_2}$$
$$= (\mu_m(s_1))^{-1} \langle V_g^{s_1} \zeta_1^m, \zeta_1^m\rangle (\mu_{p-m}(s_2))^{-1} \langle V_g^{s_2} \zeta_2^{p-m}, \zeta_2^{p-m}\rangle. \tag{10.23}$$

Dies sind aber gerade die Darstellungskoeffizienten $C_m^{s_1}(g)$, $C_{p-m}^{s_2}(g)$, in der Notation von Takahashi [11], S. 74, wobei der obere Index j, der bei uns immer 0 ist, weggelassen wurde.

Auf der anderen Seite ergibt die Parsevalformel mit

$$(W_g^{s_1,s_2} h_{m,p})(\zeta_1, \zeta_2) = \sum_{q=-\infty}^{\infty} {}_g h_{m,p,q}(\zeta)\, \xi^p \tag{10.24}$$

den Ausdruck

$$\langle W_g^{s_1,s_2} h_{m,p}, h_{m,p}\rangle_{s_1,s_2}$$
$$= \sum_{\mathrm{Res}} + \int_{\frac{1}{2}}^{\frac{1}{2}+i\infty} \sum_{q=-\infty}^{\infty} \sum_{\iota,\kappa=1}^{2} \langle {}_g h_{m,p,q}(\cdot), f_{\iota,q}(\cdot,t)\rangle$$
$$\cdot \sigma_{\iota,\kappa,q}(t)\overline{\langle h_{m,p}, f_{\kappa,q}(\cdot,t)\rangle}\, (1-2t)\, dt. \tag{10.25}$$

Hier ist das 2. Skalarprodukt 0 für $p \neq q$, und das 1. Skalarprodukt hat die folgenden Eigenschaften:

1. Es nimmt einen Faktor $e^{-pi(\vartheta_1+\vartheta_2)}$ auf, wenn man g durch $g_{\vartheta_1} g g_{\vartheta_2}$ ersetzt,

2. Es ist Eigenfunktion zu $\Omega - \lambda(t)$,

3. Es ist beschränkt für $g \to e$. (e ist hier die Gruppen -1). Die erste dieser Eigenschaften ist klar, die zweite folgt daraus, daß man den Casimir-Operator von g auf ζ umrechnen und dann überschieben kann, und die dritte ist direkt sichtbar. Demnach ist dieses Skalarprodukt ein Vielfaches von C_p^t, und es genügt, (10.25) für $g = e$ zu betrachten. Dort ist

$$1 = \sum_{\mathrm{Res}} + \int_{\frac{1}{2}}^{\frac{1}{2}+i\infty} \sum_{\iota,\kappa=1}^{2} \langle h_{m,p}, f_{\iota,p}(\cdot,t)\rangle$$
$$\cdot \sigma_{\iota,\kappa,p}(t)\langle h_{m,p}, f_{\kappa,p}(\cdot,t)\rangle\,(1-2t)\, dt, \tag{10.26}$$

und man sieht, daß die Formel auf die Parsevalformel zum Gewicht p reduziert ist.

Statt dieser Parsevalformel verwenden wir für die konkrete Rechnung jene, die direkt aus (3.57) entsteht, wir machen also die Umrechnung auf Spektralform in §5 rückgängig. Das hat den Vorteil, daß wir nur noch zwei Terme ausrechnen und zusammenfassen müssen.

Wir gehen also aus von (3.57), wählen

$$f(\zeta) = (\mu_m(s_1)\,\mu_{p-m}(s_2))^{-\frac{1}{2}}\,\zeta^m \qquad\qquad (10.27)$$

und multiplizieren skalar von rechts mit f. Dann sind die Skalarprodukte $\langle f_\iota(\cdot,t),\zeta^m\rangle$ und die Integrale

$$\int_U \frac{\xi^m f_\iota(\xi,t)}{W_f(\xi,t)\,a_0(\xi)}\,d\xi \qquad (\iota=1,2)$$

auszuwerten. All dies ist in §5 bereits geschehen. Wir haben

$$\langle f_\iota(\cdot,t),\zeta^m\rangle = \mu_m(s_1)\,\mu_{p-m}(s_2)\,a_{\iota,m}(t) \qquad\qquad (10.28)$$

und

$$\int_U \frac{\xi^m f_\iota(\xi,t)}{W_f(\xi,t)\,a_0(\xi)} = 2\pi i\,b_{\iota,-m}(t), \qquad\qquad (10.29)$$

mit den Fourier-Koeffizienten $a_{\iota,m}(t)$ und $b_{\iota,m}(t)$ aus §5. Dasselbe gilt für die Residuen bei $t=k=1,2,\ldots,|p|$. Für das eventuelle Residuum bei $t_0 = s_1+s_2-1$ kommt ein Beitrag $\dfrac{\mu_m(s_1)\,\mu_{p-m}(s_2)}{{}_p\langle\delta,\delta\rangle}$ hinzu. Demnach ergibt sich für $p\geqq 0$

$$
\begin{aligned}
C_m^{s_1}(g)\,&C_{p-m}^{s_2}(g)\\[4pt]
&= \sum_{\kappa=1}^{p}\alpha_k D_{p-k}^k + \frac{\mu_m(s_1)\,\mu_{p-m}(s_2)}{{}_p\langle\delta,\delta\rangle}\,C_p^{s_1+s_2-1}(g)\\[6pt]
&\quad + \frac{i}{\pi^3}\int_{\frac{1}{2}}^{\frac{1}{2}+i\infty}(2t-1)\sin\pi t\,\cos\pi t\,\sin\pi(s_1-s_2)\\[4pt]
&\quad\cdot\{e^{-\pi i(s_1-s_2)}\Gamma(1-s_1+s_2+p)\Gamma(-s_1+s_2+p)\,|\Gamma(t-p)|^2\\[2pt]
&\quad\cdot\Gamma(t+s_1-s_2)\Gamma(1-t+s_1-s_2)\,a_{1,m}(t)\,b_{1,-m}(t)\,C_p^t(g)\\[2pt]
&\quad + e^{\pi i(s_1-s_2)}\Gamma(1+s_1-s_2-p)\Gamma(s_1-s_2-p)\,|\Gamma(t+p)|^2\\[2pt]
&\quad\cdot\Gamma(t-s_1+s_2)\Gamma(1-t-s_1+s_2)\,a_{2,m}(t)\,b_{2,-m}(t)\,C_p^t(g)\}\,dt \qquad (10.30)
\end{aligned}
$$

mit $a_{\iota,m}(t)$, $b_{\iota,m}(t)$ aus (5.14)−(5.17) und gewissen Faktoren α_k, die sich aus (5.48) bestimmen wie die Faktoren im kontinuierlichen Spektrum aus (5.57). Für $s_1+s_2\geqq\frac{3}{2}$ sind $a_{\iota,m}(t)$ und $b_{\iota,m}(t)$ durch analytische Fortsetzung zu definieren. Die Funktion D_{p-k}^k findet sich wie C_m^s bei TAKAHASHI und ist die positiv definite Funktion zu einer Darstellung der diskreten Serie. Für $p,k\leqq 0$ ergibt sich eine ganz ähnliche Formel.

In dem wichtigen Spezialfall $p=m=0$ lassen sich die $_3F_2$-Funktionen nach Dixon's theorem (siehe etwa BAILEY [1] S. 13 oder auch BATEMAN [3]) durch Γ-Funktionen ausdrücken. Die Terme aus der diskreten Serie verschwinden dann. Eine längere, elementare Rechnung, die noch die

Legendre'sche Multiplikationsformel für die Γ-Funktion benützt, erlaubt dann, beide Terme in (10.30) zusammenzufassen und in einer Form zu schreiben, die die Symmetrie zwischen s_1, s_2 und t deutlich macht. Setzt man nämlich zur Abkürzung

$$a(t,s_1,s_2)=\Gamma\left(\frac{t-s_1+s_2}{2}\right)\Gamma\left(\frac{1-t-s_1+s_2}{2}\right)\Gamma\left(\frac{t+s_1-s_2}{2}\right)$$

$$\cdot\,\Gamma\left(\frac{1-t+s_1-s_2}{2}\right)\Gamma\left(\frac{2-t-s_1-s_2}{2}\right)\Gamma\left(\frac{-t+s_1+s_2}{2}\right)$$

$$\cdot\,\Gamma\left(\frac{1+t-s_1-s_2}{2}\right)\Gamma\left(\frac{t-1+s_1+s_2}{2}\right),\tag{10.31}$$

so ergibt sich für $s_1+s_2>\frac{3}{2}$

$$C_0^{s_1}(g)\,C_0^{s_2}(g)=\frac{C_0^{s_1+s_2-1}(g)}{\displaystyle\sum_{n=-\infty}^{\infty}\mu_n(s_1)\,\mu_n(s_2)}$$

$$+\frac{-\sin\pi s_1\sin\pi s_2}{8\,i\,\pi^5}\int\limits_{\frac{1}{2}}^{\frac{1}{2}+i\infty}(1-2t)$$

$$\cdot\cos\pi t\,a(t,s_1,s_2)\,C_0^t(g)\,dt,\tag{10.32}$$

während für $s_1+s_2\leqq\frac{3}{2}$ der Residuen-Term wegfällt. Für $s_1+s_2\geqq\frac{3}{2}$ ist für den Beweis noch einmal ein einfacher Prozeß der analytischen Fortsetzung nötig.

Literatur

1. BAILEY, W.N.: Generalized Hypergeometric Series, Cambridge University Press, 1935
2. BARGMAN, V.: Irreducible unitary representations of the Lorentz group. Ann. of Math. **48**, 568 – 640 (1947)
3. BATEMAN, H.: Higher transcendental functions, vol. 1. New York-Toronto-London: McGraw-Hill 1953
4. FARAUT, J.: Noyaux sphériques sur un hyperboloïd à une nappe. In: Analyse Harmonique sur les Groupes de Lie. Lecture Notes in Mathematics; 497, S. 172 – 210. Berlin-Heidelberg-New York: Springer 1975
5. MARTIN, R.P.: On the decomposition of tensor products of principal series representations for real-rank one semisimple Lie groups. Transactions of the AMS **201**, 177 – 211 (1975)
6. MATHAI, A.M., SAXENA, R.K.: Generalized hypergeometric functions with applications in statistics and physical sciences. Lecture Notes in Mathematics; 348. Berlin-Heidelberg-New York: Springer 1973

7. Mizony, M.: Les algebres de convolution $L^1(\mathbb{R}_+, shx\,dx)$ et $L^1(\mathbb{R}_+, t\,th\,\pi t\,dt)$ associées au groupe hyperbolique $G = SL(2,\mathbb{R})$. Unveröffentlichtes Manuskript 1975

8. Mukunda, N., Radhakrishnan, B.: The Clebsch-Gordan problem and coefficients for the three-dimensional Lorentz group in a continuous basis I – IV. J. math. Phys. 15, 1320 – 1331, 1332 – 1342, 1643 – 1655, und 1656 – 1668, 1974

9. Pukanszky, L.: On the Kronecker Products of irreducible representations of the 2×2 real unimodular group I. Transactions of the AMS 100, 116 – 152, (1961)

10. Schaaf, M.: The Reduction of the Product of Two Irreducible Unitary Representations of the Proper Orthochronous Quantummechanical Poincaré Group. Lecture Notes in Physics; 5. Berlin-Heidelberg-New York: Springer 1970

11. Takahashi, R.: Sur les Fonctions Sphériques et la Formule de Plancherel dans le Groupe Hyperbolique, Japanese Journal of Mathematics, Vol. XXXI, 55 – 90, (1961)

12. Wang, Kuo-hsiang: Clebsch-Gordan series and the Clebsch-Gordan coefficients of $O(2,1)$ and $SU(1,1)$. J. math. Phys. 11, 2077 – 2095 (1970)

13. Williams, F.: Tensor products of principal series representations. Lecture Notes in Mathematics; 358 (1973)

14. Yosida, K.: Functional Analysis, fourth ed. Berlin-Heidelberg-New York: Springer 1974

Zusatzbemerkung bei der Korrektur

In §4 kommt verschiedentlich der Ausdruck $\cos\varphi \log(2\cos\varphi)$ vor für $-\frac{\pi}{2} \leq \varphi \leq \frac{\pi}{2}$. Dieser Ausdruck ist für $\varphi = \frac{\pi}{2}$ nicht definiert, hat dort aber den Grenzwert 0. Dieser Wert ist dem Ausdruck dann beizulegen.

Sitzungsberichte der Heidelberger Akademie der Wissenschaften
Mathematisch-naturwissenschaftliche Klasse

Die Jahrgänge bis 1921 einschließlich erschienen im Verlag von Carl Winter, Universitätsbuchhandlung in Heidelberg, die Jahrgänge 1922—1933 im Verlag Walter de Gruyter & Co. in Berlin, die Jahrgänge 1934—1944 bei der Weißschen Universitätsbuchhandlung in Heidelberg. 1945, 1946 und 1947 sind keine Sitzungsberichte erschienen.

Ab Jahrgang 1948 erscheinen die ,,Sitzungsberichte`` im Springer-Verlag.

Inhalt des Jahrgangs 1960/61:

1. R. Berger. Über verschiedene Differentenbegriffe. (vergriffen).
2. P. Swings. Problems of Astronomical Spectroscopy. (vergriffen).
3. H. Kopfermann. Über optisches Pumpen an Gasen. (vergriffen).
4. F. Kasch. Projektive Frobenius-Erweiterungen. (vergriffen).
5. J. Petzold. Theorie des Mößbauer-Effektes. (vergriffen).
6. O. Renner. William Bateson und Carl Correns. (vergriffen).
7. W. Rauh. Weitere Untersuchungen an Didiereaceen. (vergriffen).

Inhalt des Jahrgangs 1962/64:

1. E. Rodenwaldt und H. Lehmann. Die antiken Emissare von Cosa-Ansedonia, ein Beitrag zur Frage der Entwässerung der Maremmen in etruskischer Zeit. (vergriffen).
2. Symposium über Automation und Digitalisierung in der Astronomischen Meßtechnik. Herausgegeben von H. Siedentopf. (vergriffen).
3. W. Jehne. Die Struktur der symplektischen Gruppe über lokalen und dedekindschen Ringen. (vergriffen).
4. W. Doerr. Gangarten der Arteriosklerose. (vergriffen).
5. J. Kuprianoff. Probleme der Strahlenkonservierung von Lebensmitteln. (vergriffen).
6. P. Čolak-Antič. Dreidimensionale Instabilitätserscheinungen des laminarturbulenten Umschlages bei freier Konvektion längs einer vertikalen geheizten Platte. (vergriffen).

Inhalt des Jahrgangs 1965:

1. S. E. Kuss. Revision der europäischen Amphicyoninae (Canidae, Carnivora, Mam.) ausschließlich der voroberstampischen Formen. (vergriffen).
2. E. Kauker. Globale Verbreitung des Milzbrandes um 1960. (vergriffen).
3. W. Rauh und H. F. Schölch. Weitere Untersuchungen an Didieraceen. (vergriffen).
4. W. Felscher. Adjungierte Funktoren und primitive Klassen. (vergriffen).

Inhalt des Jahrgangs 1966:

1. W. Rauh und I. Jäger-Zürn. Zur Kenntnis der Hydrostachyaceae. 1. Teil. (vergriffen).
2. M. R. Lemberg. Chemische Struktur und Reaktionsmechanismus der Cytochromoxydase (Atmungsferment). (vergriffen).
3. R. Berger. Differentiale höherer Ordnung und Körpererweiterungen bei Primzahlcharakteristik. (vergriffen).
4. E. Kauker. Die Tollwut in Mitteleuropa von 1953 bis 1966. (vergriffen).
5. Y. Reenpää. Axiomatische Darstellung des phänomenal-zentralnervösen Systems der sinnesphysiologischen Versuche Keidels und Mitarbeiter. (vergriffen).

Inhalt des Jahrgangs 1967/68:

1. E. Freitag. Modulformen zweiten Grades zum rationalen und Gaußschen Zahlkörper. (vergriffen).
2. H. Hirt. Der Differentialmodul eines lokalen Prinzipalrings über einem beliebigen Ring. (vergriffen).
3. H. E. Suess, H. D. Zeh und J. H. D. Jensen. Der Abbau schwerer Kerne bei hohen Temperaturen. (vergriffen).
4. H. Puchelt. Zur Geochemie des Bariums im exogenen Zyklus. (vergriffen).
5. W. Hückel. Die Entwicklung der Hypothese vom nichtklassischen Ion. (vergriffen).